"科学就在你身边"系列

# 禽言兽语真奇妙
## ——动物的交流艺术

总 主 编　杨广军
副总主编　朱焯炜　章振华　张兴娟
　　　　　胡　俊　黄晓春　徐永存
本 册 主 编　彭黎立　张登萍

上海科学普及出版社

图书在版编目（CIP）数据

禽言兽语真奇妙：动物的交流艺术 / 杨广军主编.
—— 上海：上海科学普及出版社，2014(2018.4 重印)
（科学就在你身边）
ISBN 978-7-5427-4612-2

Ⅰ.①禽⋯　Ⅱ.①杨⋯　Ⅲ.①动物行为-普及读物
Ⅳ.①Q958.12-49

中国版本图书馆 CIP 数据核字(2013)第 145057 号

组　　稿　胡名正　徐丽萍
责任编辑　徐丽萍
统　　筹　刘湘雯

"科学就在你身边"系列

**禽言兽语真奇妙**
——动物的交流艺术
总主编　杨广军
副总主编　朱焯炜　章振华　张兴娟
　　　　　胡　俊　黄晓春　徐永存
本册主编　彭黎立　张登萍
上海科学普及出版社出版发行
（上海中山北路832号　邮政编码200070）
www.pspsh.com

各地新华书店经销　北京昌平新兴胶印厂
开本 787×1092　1/16　印张 15　字数 230 000
2014 年 1 月第 1 版　2018 年 4 月第 2 次印刷

ISBN 978-7-5427-4612-2　　定价：29.80元

# 卷 首 语

　　人通过语言表达思想，通过眼睛、表情、动作和姿势等传递感情。那么，动物是否也需要表达，甚至也会"说话"呢？它们要寻找伴侣，要寻觅食物、要逃避天敌，要与对手竞争，它们靠什么来传递信息和交流"思想"呢？

　　科学家经过长期的研究发现，动物也有自己的"语言"——有"声音"的语言，有肢体的语言，甚至还有很多稀奇古怪的"无声语言"……

　　而所有的这一切你想知道吗？如果你有兴趣，那么就让我们一起，沿着探索的路径，来到动物的世界，一起去欣赏禽言兽语，一起来品味动物的交流艺术吧！……

# 目 录

## 别具一格的语言——声音交流

超级鼠声——老鼠求偶也唱歌 …………………………… (3)
不可思议的动物方言——复杂的海豚音 ………………… (6)
不用嘴也"说话"——昆虫们的交流法宝 ………………… (10)
鱼是怎样听的——蝴蝶鱼通过不同的声音与同伴交流 …… (14)
草原上最先进的通信噪音——狼嚎 ……………………… (17)
森林歌咏会——鸟儿们的交际用语 ……………………… (21)
解读海洋精灵——鲸的发声解密 ………………………… (26)
母爱的旋律——母狮的吼声 ……………………………… (30)
无私的奉献者——雁的精神 ……………………………… (33)
爱的结晶——禽蛋的艺术 ………………………………… (37)
花心的鼻子——南象海豹的杀手锏 ……………………… (43)
幸福之歌——昆虫的求婚曲 ……………………………… (46)
青蛙王子的演唱会为谁而开——青蛙为什么要叫 ………… (51)
美妙的二重奏——丹顶鹤的情歌 ………………………… (55)
情歌更新——鲸鱼改唱新曲求偶 ………………………… (62)

## 禽言兽语真奇妙

### 我来做，你来猜——行为交流

做出来的情绪——猩猩的感情表达 ……………………………（67）
孔雀为什么要开屏——孔雀开屏不只是求偶 ………………（72）
远离我的势力圈——动物如何保护自己的领地 ……………（75）
大家休息，一人站岗——群居动物分工 ……………………（80）
弑婴凶手——"残忍"的雄狮 …………………………………（84）
猫道主义——猫的喜怒哀乐 …………………………………（87）
扭转乾坤——蛙吃蛇的惊心动魄 ……………………………（91）
强强联合——鲨之间的合作 …………………………………（96）
以小克大——吃大鱼的小鱼 …………………………………（101）
癞蛤蟆能吃天鹅肉——射水鱼的独门绝招 …………………（105）
小心美人计——投掷蜘蛛的捕食技巧 ………………………（108）
赢的就是智慧——狐狸的化学武器 …………………………（114）
手到擒来的美味——萤火虫的秘密武器 ……………………（118）
蟹足为何一大一小——蟹的断肢自救 ………………………（122）
破釜沉舟自救法——海参的忍痛割爱 ………………………（126）
8字舞——虾的求爱舞 ………………………………………（130）
笨拙却动人的舞姿——鸵鸟的求爱舞 ………………………（134）
蜂之舞——蜜蜂传达蜜源信息的方式 ………………………（138）
物质引诱——雄猴、燕鸥、雄蟹求偶 ………………………（144）
武力取胜——雄海豹、驼鹿求偶 ……………………………（149）
别具一格的求爱——大象的求爱方式 ………………………（154）
生死相依情侣鸟——"爱情鸟"的感人故事 …………………（158）
哆嗦出来的幸福——棘鱼的哆嗦舞 …………………………（161）
鲜花，代表我的爱——白头翁给未婚妻的礼物 ……………（164）
偷来的礼物——企鹅的见面礼 ………………………………（168）
"章"毒不食子——章鱼的爱子之心 …………………………（173）
动物情深——动物的葬礼 ……………………………………（179）
尾巴的"兼职"——以尾代喉 …………………………………（182）

目　　录

### 你懂我的色彩斑斓吗——色彩交流

我的美丽,我的彩礼——雄鸡的爱情表达 …………………（189）
袅娜而至的东方闺秀——极乐鸟的"嫁衣" ………………（193）
动物的"素裹"——白熊、银狐的保护色 ……………………（196）
变色的避役——蜥蜴的诡计 …………………………………（202）
美丽,也是武器——鱼的保护色 ………………………………（206）
奇妙的外衣——草原动物的才智 ……………………………（211）
动物有色盲吗——动物眼中的世界本色 ……………………（215）

### 我的味道,我做主——气味交流

神魂颠倒的香气——香獐的求爱 ……………………………（221）
疯狂的气味——雌蛾的魅惑 …………………………………（223）

### 生命之光——光交流

打着灯笼找对象——萤火虫的求偶方式 ……………………（229）

# 别具一格的语言
## ——声音交流

许多动物都会发出声音,这些声音往往成为动物之间交流信息的独特语言。例如蟋蟀能利用翅膀摩擦发出像乐曲一般清脆动听的声音来表现它们的种种"感情"。当雌雄蟋蟀相处时,声调轻幽,犹如情人窃窃私语;当独处一方时,它就发出高亢的强音来招引朋友。

现在,我们就见识一下动物间的声音交流吧!

别具一格的语言——声音交流

# 超级鼠声
## ——老鼠求偶也唱歌

在鸟类和昆虫类中,以歌声求偶的行为非常普遍,但在哺乳类中则非常罕见,已知有这种行为的除人类外,只有蝙蝠和水中的鲸鱼及海豚,如今科学家发现,老鼠也属于这个"会歌唱求偶的哺乳族"。下面就详细介绍老鼠的求偶之歌。

◆老鼠在唱歌

## 老鼠歌声的发现

最新研究显示,老鼠也是歌唱高手。据《新科学家》杂志报道,生物学家最近发现,人们平常见到的老鼠居然也具有"歌唱"的才能,并且这些"鼠调"的复杂程度丝毫不逊于鸟类清脆的鸣叫声。不过,鼠类"歌声"的频率均处于人类无法听到的超声波频段。

◆老鼠求偶

为了能听到老鼠的"歌声",圣路易斯大学医学院的迪姆·霍利和郭中生先记录下了老鼠发出的声音,之后又通过特殊仪器将其频率降低到人耳可以听到的范围。两位科学家还通过试验证实,他们所录制的"旋律"中确实包含有不同的动机和"歌词"。他们认为,老鼠所演唱的旋律的复

## 禽言兽语真奇妙

> 研究发现，老鼠和人类99%骨骼的结构相同。

杂程度要远高于蝉类。

科学界早就知道，公老鼠在异性面前会发出超声波频率的尖锐声音，但之前无法断定这些声音是否有任何意义。美国密苏里州华盛顿大学的一个研究小组通过计算机分析，首次证实这些尖锐声音不是无意义的乱叫，而是充满浓情蜜意的歌唱。

### 知识窗

**老鼠为什么要不断咬东西？**

老鼠长有一对不断生长的大门牙，所以老鼠总是咬坏衣柜、木箱以不停地磨牙。

动物的交流艺术

### 叫声成为歌声的条件

> 老鼠的长尾巴有很好的平衡作用，即使从五层楼上摔下来也不会受伤。

主持这项研究的霍利教授说，叫声要成为歌唱通常须有两个条件，一是应有某种程度的音节变化，可以归类为几种不同的声音，而非单一的声音一再重复；二是应有一定的节奏，使声音出现主调或主题，从而形成可以上口的旋律。

### 什么刺激公鼠"唱歌"

研究人员利用母老鼠的尿液，诱使公老鼠发出如鸟叫般的唧唧声，每秒约十个音节，音节的长短不一，在一连串的短促音节后，会有短暂的静默。研究小组共对45种不同的老鼠做过实验，每种老鼠的求偶声略有差异，但结果大致相同。通过录音技术，研究小组把老鼠的求偶声音调到人耳可听到的音波范围，结果发现老鼠歌声的洪亮和多样近似许多鸣禽，不过老鼠的歌唱技术显然不如鸟类纯熟，在展现主调上也比较缺乏自信。这项研究报告已在《生物科学公共图书馆》期刊上发表。

别具一格的语言——声音交流

**小知识**

**老鼠名字的由来**

古时候，人们对鼠这种动物是相当畏惧的。鼠，什么东西都咬，还会传播鼠疫。"老鼠过街人人喊打"这句俗语就表明人们对老鼠的憎恶。古人对自己畏惧的东西普遍采取了"避而远之"的态度。于是，古人在这些事物之前冠以"老"字，以表示敬畏和不敢得罪的意思。有些地方因为迷信，在说到老鼠时，往往不敢直呼其名而呼之以"耗子"等。

**知识拓展——老鼠的特点**

1. 夜出昼伏，凭嗅觉就知道哪里有什么食物，吃饱后三三两两打闹、追逐，饿了或发现有新的美味食物，再结伴聚餐。

2. 非常灵活且狡猾，怕人，活动鬼鬼祟祟。出洞时两只前爪在洞边一爬，左瞧右看，确保安全后方才出洞；它喜欢在窝—食物—水源之间建立固定路线，以避免危险。

3. 视力敏捷。老鼠大多数在夜间活动、觅食，夜间活动的老鼠在很暗的光线下能察觉出移动的物体，白天活动的老鼠视力更好。

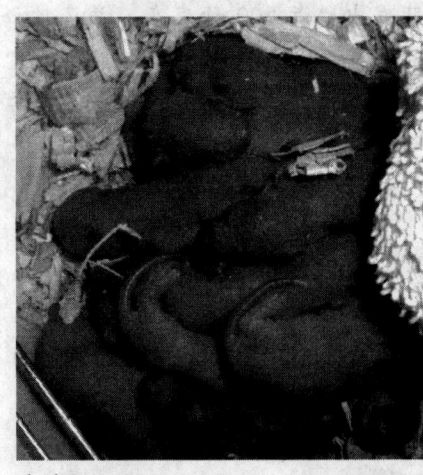
◆幼鼠

4. 钻洞本领高。家鼠鼠洞很明显，常在墙旮旯里、牲口圈、仓库、伙房处。

5. 很强的记忆性和拒食性。如在熟悉的环境中改变一部分，立即会引起它的警觉，不敢向前，经反复熟悉后方敢向前。如在某处受过袭击，它会长时间回避此地。

6. 老鼠的食性很杂，爱吃的东西很多，几乎人们吃的食物它都吃，酸、甜、苦、辣全不怕，但最爱吃的是粮食、瓜子、花生和油炸食品。一只老鼠一年大约可吃掉9000克粮食。

## 禽言兽语真奇妙

动物的交流艺术

# 不可思议的动物方言
## ——复杂的海豚音

你听到过海豚的叫声吗？科学家认为，这是它们独特的语言。澳大利亚一支科研队伍在《新科学家》杂志上发表研究报告宣布，他们确认了海豚发出的近200种声音，并已破译6种常见叫声的含义。英国《每日邮报》载文开玩笑说，科学家正在学说"海豚语"。现在让我们一起了解一下"海豚语"吧！

◆海豚也懂音乐

## 复杂的"海豚语"

海豚发出的声波类型有三种：一种是口哨般的声音，叫哨音；另一种是猝发脉冲声；第三种是咔嗒声。之前的研究证实，哨音和猝发脉冲声主要用于通信和交流，咔嗒声主要用于目标定位。

为了解海豚的语言，南克罗斯大学鲸类研究中心的莉兹·霍金斯在澳

◆海豚观月

## 别具一格的语言——声音交流

> 每一只处于群居状态的海豚都拥有自己的名字,并且,同一族群的海豚之间还能够分辨出对方"姓甚名谁"。

大利亚西海岸与宽吻海豚相伴3年,共录下51群海豚发出的1647种哨音。

根据这些哨音的频率和长度,霍金斯确认了186种特定哨音,其中20种尤为常见。这或许能说明,人类并非世界上唯一会用语言沟通的生物。

霍金斯在《新科学家》杂志上刊登的文章中写道,海豚之间的"声音交流高度复杂,而且前后关联。某种程度上,称其为语言并不过分"。

### 海豚"说"什么

霍金斯说,每当研究人员所乘船只驶过海面激起浪花,乘浪的海豚总会发出一种特殊哨音,音调又平又直,那相当于兴奋的孩子在叫喊"呜——"。

在澳大利亚昆士兰州莫顿岛附近,落单的海豚也会发出这种声音。霍金斯说,那是它在呼唤同伴:"我在这里,你们在哪儿?"

霍金斯把录下的海豚叫声按频

◆海豚跃出水面

率高低划分为5个频段。她惊讶地发现,不同频段的叫声与不同行为有关。

举例言之,一群海豚一起出游时常发出一种声音,大约占全部哨音的57%,其特点是音调先上升再下降,频率变化恰似数学中的正弦曲线。在它们进食或玩耍时,这种叫声会大大减少。此外,海豚"社交"时还会发出特有的"平直调"和"上升调"。

## 禽言兽语真奇妙

### 小知识

**海豚是怎样睡觉的？**

海豚似乎永远不眠不休地四处游动。经调查它们的脑电波得知，它们某一边的脑部会呈现睡眠状态。即使它们持续游泳，但左右两边的脑部却在轮流休息，每隔十几分钟，它们的活动状态变换一次，而且很有节奏。

## "海豚语"也分化

昆士兰大学的梅琳达·莱克多也是研究"海豚语"的专家。她在研究中发现，不同环境下，海豚的表达方式会有所不同。与野生环境下的海豚相比，人工喂养的海豚发出的声音更多。

莱克多对霍金斯的理论存有疑问。她说："海豚哨音是否像人类一样拥有某些具体含义，譬如'快点'或'这儿有吃的'，现在下结论还为时过早。但也并非没有可能。"

◆海豚嬉戏

莱克多承认："海豚的语言世界丰富多彩，海豚的'沟通'比人类想象的要复杂得多。"

### 引人思考——海豚护幼奋不顾身

母海豚如果不幸小产，为了让没有行动能力的小海豚呼吸，它会拼命地用自己的吻部把小海豚推向水面，并不断地重复这些动作，为此甚至停止觅食达两天之久。

据水族馆的人士说，一旦小海豚死去，母海豚会奋不顾身地设法让小海豚复

## 别具一格的语言——声音交流

生,但如果持续的时间太久、情形严重时,连母海豚也会因衰竭而死亡。所以,必须尽快将小海豚的尸体打捞起来,也许这样做会避免母海豚过分伤心,使其恢复体力。不过,工作人员要清除死亡的小海豚并非易事,母海豚会护着小海豚尸体避开船只,与工作人员展开耐力比赛。

母海豚是否知道小海豚已经死亡?还是因为觉得小海豚可怜,而拼命想把小海豚推向水面?抑或只是出于一种动物的本能?也许海豚确实具有某些人类所无法了解的理性,详细情况目前尚不清楚。

◆海豚

动物的交流艺术

禽言兽语真奇妙

## 不用嘴也"说话"
### ——昆虫们的交流法宝

动物的交流艺术

谈到昆虫，也许我们已经很熟悉了。色彩纷飞的蝴蝶，采花酿蜜的蜜蜂，吐丝结茧的蚕宝宝，引吭高歌的知了，争强好斗的蛐蛐（蟋蟀），星光闪烁的萤火虫，身手矫健、形似飞机的蜻蜓，憨厚可爱的小瓢虫，举着一对大刀、怒目圆睁的螳螂，令人讨厌的苍蝇、蚊子、蟑螂等等。那么它们又是以怎样的方式交流的呢？

◆蜜蜂

昆虫是动物界中无脊椎动物的节肢动物门昆虫纲的动物，所有生物中种类及数量最多的一群，是世界上最繁盛的动物，已发现100多万种。昆虫在生态圈中扮演着很重要的角色。虫媒花需要得到昆虫的帮助，才能传播花粉。而蜜蜂采集的蜂蜜，也是人们喜欢的食品之一。在动物的世界里，并非所有的动物都用嘴巴来交谈，更何况它们中的一些种类没有耳朵作为接收器。昆虫的一些交流方式是很有意思的。它们用身体的不同部位来做着它们的发声器和接收器。下面就介绍用身体的其他部位发声交流的几种昆虫。

◆螳螂

·10· ————— "科学就在你身边"系列

### 别具一格的语言——声音交流

#### 蜜蜂振翅交流

蜜蜂靠振动翅膀发出嗡嗡的声音,但是蜜蜂却听不见嗡嗡的声音,因为它们没有耳朵。蜜蜂是通过它们的身体感觉振动。

> 多数昆虫都经过卵、幼虫、蛹、成虫等发育阶段,属于完全变态,如苍蝇、家蚕、蝴蝶等。不完全变态经过卵、若虫、成虫三个阶段。

#### 蟋蟀、蚱蜢交流

蟋蟀和蚱蜢以它们高亢的声音而闻名。蟋蟀以摩擦它们的翅膀来交谈,蚱蜢靠腿和翅膀的摩擦来制造声音。蟋蟀和蚱蜢也有着特殊的接收器。耳朵之外,它们有时也用触角或触须来听,其他昆虫也是用它们的触角当作接收器。

◆蚱蜢

◆蟋蟀

#### 螽斯振翅交流

螽(zhōng)斯是一种害虫,身体绿色或褐色,善跳跃,吃农作物。雄的前翅有发声器,颤动翅膀能发声。螽斯有三种鸣声:"单身汉"螽斯唱的大多是"求婚曲",其他"单身汉"听到后,会此呼彼应地对唱起来。雌螽斯闻乐赴会,并选中歌声嘹亮者;两只雄螽斯相遇,就高唱"战歌",面对面地摆好阵势,频频摇动触角,大有一触即发之势;当周围出现危险

## 禽言兽语真奇妙

◆螽(zhōng)斯

◆蝗虫

时,螽斯就高奏"报警曲",闻者便"噤若寒蝉",溜之大吉。

## 蝗虫抖翅交流

蝗虫的声音是用前翅上的音齿和后腿上的刮器互相摩擦发出的。要发声时,它先用四条腿将身体支撑起,摆出发音的姿势,再把复翅伸开,弯曲粗大的后腿同时举起与前翅靠拢,上下有节奏地抖动着,使后腿上的刮器与前翅上的音齿相互击擦,引起前翅振动,从而发出"嚓啦、嚓啦"的响声。

### 知识窗

**蝈蝈的交流方式**

蝈蝈通过翅膀来交流,是将左翅叠在右翅上发出声的。

### 知识拓展——昆虫的呼吸器官

昆虫没有鼻子,它们怎么呼吸呢?原来昆虫是用气管呼吸的,它们有特殊的呼吸系统,即由气门和气管组成的器官系统,气门相当于它们的"鼻孔"。

在昆虫的胸部和腹部两侧各有一行排列整齐的圆形小孔,这就是气门。气门与人的鼻孔相似,在孔口布有专管过滤的毛刷和筛板,就像门栅一样能防止其他

## 别具一格的语言——声音交流

物体的入侵。气门内还有可开闭的小瓣，掌握着气门的关闭。气门与气管相连，气管又分支成许多微气管，通到昆虫身体的各个地方。昆虫依靠腹部的一张一缩，通过气门、气管进行呼吸。

昆虫能高度适应陆生环境，原因之一就是具备了这种特殊的呼吸系统。蚂蚁、蝗虫、螳螂、蝴蝶、蜜蜂、蚊子、苍蝇等各类陆生昆虫都是以这种方式进行呼吸的。

◆昆虫

生活在水中的昆虫也是用气门进行呼吸的。像蜻蜓、蜉蝣的幼虫长期适应水生环境，还形成了一种新的呼吸器官——气管腮，能像鱼一样呼吸溶解在水中的空气。

动物的交流艺术

禽言兽语真奇妙

# 鱼是怎样听的
## ——蝴蝶鱼通过不同的声音与同伴交流

动物的交流艺术

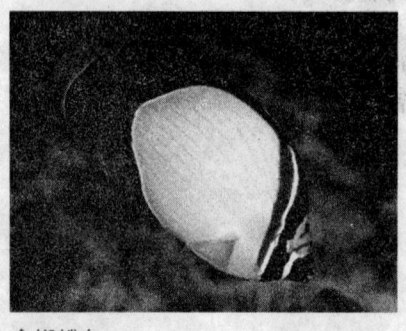

◆蝴蝶鱼

科学家越是努力地倾听动物的声音，反而越容易忽视它们之间的对话。以蝴蝶鱼为例，这种色彩鲜艳、巴掌大小的珊瑚礁住客，以单配偶制（一夫一妻）成双成对地群居在一起，领地意识强烈。最近，在美国声学学会和日本声学学会联合会议上发布的研究报告声称，这些蝴蝶鱼可以通过各种各样的声音来交流。研究人员称，这种鱼可能进化出独特的解剖学结构，以增强它们对声音的应用。

## 鱼的"听力结构"

其实所有鱼都有内耳（跟我们人类的内耳一样，也担负着倾听声音和维持身体平衡的任务），它们充满气的鱼鳔对声波很敏感，侧线能感应周围水域的异动（侧线是一条伸展于躯干和尾部的纵行管道，它和布满头部的分支构成侧线器官，能感知低频率的振动，从而判断水流方向和压力变化，以及周围生物的活动情况等等）。这三种结构对鱼的听觉都有帮助。声音的振动通常能够通过骨头传到内耳，也可以通过鱼鳔或侧线传送到内耳，但不是所有鱼都具备这三种结构（比如鲨鱼就没有鱼鳔），也不是所有鱼的鱼鳔、侧线

> 蝴蝶鱼捕食动作奇特，可跃出水面，犹如海洋中的飞鱼。

别具一格的语言——声音交流

和内耳之间都有联系。

多年以前人们就已发现,蝴蝶鱼中只有一种的侧线和内耳有联系。科学家们推测蝴蝶鱼的解剖学结构跟探测声音有关,但没人知道听觉在蝴蝶鱼的生活中扮演着怎样的角色。

## 蝴蝶鱼"听力实验"

为了回答这个问题,美国夏威夷大学的海洋生物学家 Tim Tricas 和他的同事们潜到夏威夷的一片珊瑚礁区,锁定研究几对成熟的白虎纹蝴蝶鱼,观察它们在各自领地中的生活。研究人员把一对蝴蝶鱼困在玻璃瓶子里,放到另外一对蝴蝶鱼的领地之内,为时40分钟以上。在摄像头和水下传声器的帮助下,研究人员发现,守卫领地的一对蝴蝶鱼做出了一些能够发声的快速动作,比如拍打、立起它们的双鳍、"跃起"转身等,向侵入者发出攻击信号。而瓶中的蝴蝶鱼则再三重复着低低的咕噜声。不过,只有成双成对的蝴蝶鱼才会如此低声咕噜,单身的蝴蝶鱼则不会"自言自语",所以 Tricas 推断咕噜声可能是一方在向它的配偶表达不安的心情。

在另一项试验中,研究人员向几对蝴蝶鱼的鱼鳔内注射了少量凡士林,阻碍声波通过鱼鳔传播到内耳和侧线。经过处理的蝴蝶鱼游动时与伴侣靠得很近,比没处理过的蝴蝶鱼近得多,可见,它们感知彼此声音的能力受到了影响。Tricas 补充说,考虑到蝴蝶鱼非比寻常的社会性,它

◆蝴蝶鱼

◆海中鸳鸯

◆蝴蝶鱼

## 禽言兽语真奇妙

们有可能为了加强沟通，而进化出独特的结构联系。

美国罗德岛大学的海洋生物学家 Jacqueline Webb 指出，尽管研究小组已经研究这种鱼群多年，但发声和社会行为之间的关系一直没有受到重视。这个发现提醒我们"在研究珊瑚礁生物群落的过程中，有必要考虑到多种因素。不仅仅要研究动物种群的行为和生态，还要考虑到人类制造的噪声日益增强，对水下环境有什么影响。"

> 蝴蝶鱼是一种大洋暖水性过着共栖生活的珍奇小型鱼类。

 **点击——蝴蝶鱼奇特的本领**

蝴蝶鱼胸鳍发达阔展，从水面上看像一只蝴蝶。蝴蝶鱼捕食动作奇特，可跃出水面犹如海洋中的飞鱼。平时蝴蝶鱼顺水漂流，一旦有昆虫飞临，即使离水面数十厘米，也可跃出水面捕食。蝴蝶鱼雌雄辨别容易，从尾部看，雄鱼鳍膜较短，鳍条突出呈长须状，体色较深，而雌鱼有明显的不规则花纹。

蝴蝶鱼生活在五光十色的珊瑚礁礁盘中，具有一系列适应环境的本领，其艳丽的体色可随周围环境的改变而改变。

蝴蝶鱼既爱打扮，又爱迷惑人。许多蝴蝶鱼有极巧妙的伪装，它们常把自己真正的眼睛藏在穿过头部的黑色条纹之中，而在尾柄处或背鳍后留有一个非常醒目的"伪眼"，常使捕食者误认为是其头部而受到迷惑。当敌害向其"伪眼"袭击时，蝴蝶鱼剑鳍疾摆，旋即逃之夭夭。

◆蝴蝶鱼

◆蝴蝶鱼

别具一格的语言——声音交流

# 草原上最先进的通信噪音
## ——狼嚎

◆狼嚎

狼是最善交际的食肉动物之一。它们并不仅仅依赖某种单一的交流方式,而是随意使用各种方法。它们嚎叫、用鼻尖相互挨擦、用舌头舔、采取支配或从属的身体姿态,使用包括唇、眼、面部表情以及尾巴位置在内的复杂精细的身体语言或利用气味来传递信息。大家最熟悉的要数狼嚎了,大家可能一直都有疑问,为什么狼的叫声像哭声呢?请继续关注下面的内容。

### 狼的"哭腔"

狼之所以采用凄凉哭腔作为狼嚎的主调,是因为在千万年的自然演化中,它们渐渐发现了哭腔的悠长拖音,是能够在草原上传得更远更广更清晰的声音。就像"近听笛子远听箫"一样,短促响亮的笛声不如呜咽悠长的箫声传得远。古代草原骑兵使用拖音低沉的牛角号传令,寺庙的钟声也以悠长遥远而闻名天下。

草原狼善于长途奔袭,分散侦察,集中袭击。狼又是典型的集群作战的猛兽,它们战斗捕猎的活动范围辽阔广大。为了便于长距离通信联络,团队作战,狼群便选择了这种草原上

◆相亲相爱

动物的交流艺术

"科学就在你身边"系列

## 禽言兽语真奇妙

最先进的联络信号声。残酷的战争是最看重实效的，至于是哭是笑，好听不好听那都不是狼所需要考虑的。强大的军队需要先进的通信手段，先进的通信手段又会增强军队的强大。古代狼可能就是采用了这种草原上最先进的通信噪音，才大大地提高了狼群的战斗力，成为草原上除了人以外，最强大的军事力量，甚至将虎豹熊等个体更大的猛兽逐出草原。

### 想一想议一议

**狼的起源史是怎样的？**

狼在距今500万年的时候就生活在地球上，在漫长的进化过程中，很多较具备强者实力的动物已灭绝，可狼却生存了下来。

动物的交流艺术

## 狼的"眼神"

虽说很多人听说过狼的眼睛在黑暗中闪闪发光，但是我们大多数人并不知道狼的眼睛可以用于最敏感的交流。眼部肌肉系统极其微小的运动以及瞳孔细微的变化都在表达惊奇、恐惧、快乐、认出同伴及其他各类情感。

目不转睛地凝视，这种直接与狼的目光接触，可以含有恫吓意味并被狼理解为对它的威胁。当一匹狼想发出友好

◆觅食的狼

> 狼成群生活，雌雄性分为不同等级，占统治地位的雄狼和雌狼可随心所欲地进行繁殖，处于低下地位的个体则不能自由选择。

和坦诚信号时，它会向下盯着看或把目光移开。当它自在快乐、想玩耍时，你会看到它表现出坦率、诚恳、开朗和一种"咱们来乐呵乐呵"的态度。

## 别具一格的语言——声音交流

# 狼交流之艺术

因为狼群不断面临生死攸关的场面，所以有效的交流便变得对它们的生存至关重要。进攻时，形势瞬间万变，狼与狼之间复杂精细的交流系统使它们得以不断调整战略和战术以获得成功。

对狼来说，交流的艺术在于密切注视各种各样的交流方式，尤其是身体语言。它们的观察力被磨砺得如此敏锐，以至于它们甚至可以注意到同伴行为中最微妙的变化。

一匹成年的狼对一只幼狼"讲话"时，会把头降低到和幼狼一般高，然后发出狼崽呜咽般的声音。实际上，它在

◆美丽的白狼

说："好吧，我是个大家伙，但是现在我们一般高。我理解你，我们有共同的情感，我们是同一群体的成员。"

动物的交流艺术

### 知识拓展——交流的信任与沟通

我曾有幸以顾问身份与合作的大多数组织的领导，都认识到管理才能和默契配合不是靠一次七嘴八舌的会议就能形成的，而是长期有规律地、坚持不懈地努力的结果。初次见面时，我请在场的总裁和经理们，按先后顺序列出他们希望看到他们的组织中能够改善的品质。

几乎无一例外，名单上第一项是信任，第二项就是交流。经验告诉我，有时候没有信任可能也有交流，然而没有表达

◆狼嚎

"科学就在你身边"系列

 禽言兽语真奇妙

清楚的交流则不可能有信任。家庭和其他组织、团体可以通过开诚布公的沟通和交流来解决问题，没有沟通它们就会出现机能障碍。

## 狼的思考

狼与狼之间如此有效而又清楚的交流的一个原因，也许就是它们群体中很少内讧搏斗到真正置对方于死地的地步。

如果人类像狼一样努力培养并运用有效的交流技能，我们能避免很多暴力、误解和失败！

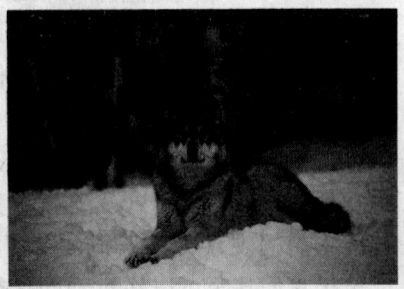
◆休息中的狼

动物的交流艺术

别具一格的语言——声音交流

# 森林歌咏会
## ——鸟儿们的交际用语

在鸟类王国中,无冕歌王就要数鸣禽了,鸣禽是极富生机和色彩的一大类群。鸣禽种类数量最多,绝大多数以昆虫为食,是农林害虫的天敌,著名的有百灵、画眉、绣眼等。鸣禽体态轻盈、羽毛鲜艳、歌声婉转,多可欣赏。下面主要介绍百灵的鸣唱,公鸡的打鸣,杜鹃的晨夜鸣叫,猫头鹰凄惨的悲唔,啄木鸟用喙急促地敲打空心树干所发出的击鼓之声。

◆百灵

## 百灵鸣唱

百灵是草原上盛产的名贵鸟类。它一般栖息在河北省张家口地区的坝上,张家口的人都叫它"云雀"。百灵可以若无其事一动不动地学习许多鸟类和小动物们的声音,它的叫声响亮且能够维持很长时间,声色委婉动听,在高空中可以直抵云霄,把它关在笼子里它也能歌善舞,因此称百灵为"鸟中歌手"。

## 公鸡打鸣

公鸡打鸣是一种"主权宣告",一方面提醒家庭成员它有至高无上的地位,另一方面警告临近的公鸡不要打它家眷的主意。公鸡在白天大概每

## 禽言兽语真奇妙

> 鸡是人类饲养最普遍的家禽,鸡属于鸟类中的陆禽。

小时打鸣一次,只不过早上那第一声鸡叫划破了黎明的宁静,临近的公鸡接力下去,让人印象深刻。一般情况下,夜里鸡都在睡觉。和其他鸟儿一样,鸡的大脑里有个"松果体"。松果体可以分泌一种称为褪黑素的物质。如果有光射入眼睛,褪黑素的分泌便被抑制。褪黑素能抑制性激素的分泌,也直接控制鸟类的歌唱。晨光乍现,褪黑素的分泌受到抑制,雄鸡便不由自主地"司晨";一年之中,当白昼渐渐变长,鸟儿体内的褪黑素水平下降,它们便开始"叫春"。公园里提着鸟笼的大爷也知晓这个道理,平常鸟笼都被厚厚的布罩盖着,一旦摘下布罩,光线惊醒了鸟儿的"鸣叫中枢",歌咏会便开始了。

◆鸡

古代,公鸡可以安享黑暗静谧的夜晚。有时遇到满月,月光偶尔也会刺激太过敏感的公鸡"起夜"。而到了战乱时候,被声音和火光惊扰的公鸡夜啼的概率大大增加,于是古人以"雄鸡夜鸣"为战争的凶兆。

现代社会,人工照明的普及早已消弭了昼夜的区别。不但人类深受"人工白昼"带来的褪黑素水平下降引发的种种健康问题,一些动物也跟着遭殃。英国国鸟俗称"知更鸟"的欧亚鸲现在完全不"知更"了。根据英国皇家鸟类保护协会报道,在很多地方它们彻夜鸣叫,都是路灯惹的祸。

◆杜鹃

*动物的交流艺术*

别具一格的语言——声音交流

## 杜鹃鸣叫

子规,又叫杜鹃,布谷鸟。古代传说,它的前身是蜀国国王,名杜宇,号望帝,后来失国身死,魂魄化为杜鹃,悲啼不已。这可能是前人因为杜鹃鸣声凄苦,臆想出来的故事。"不如归去,不如归去"凄切的声音叫得人心烦意乱。

> 企鹅虽然不会飞,但它在很久以前是会飞的,所以企鹅属于鸟类。

## 猫头鹰悲唔

◆猫头鹰

猫头鹰,又叫鸮(猫头鹰、夜猫子都是它的俗称),属于鸮形目夜行性猛禽,共有180多种。分布在我国的猫头鹰大约有26种,均属于国家二级保护动物。猫头鹰的大眼睛只能朝前看,要向两边看的时候,就必须转动它的头。猫头鹰的脖子又长又柔软,能转动270度。由于是夜间出来捕食的种类,它们的听力十分敏锐,它的两只耳朵不在同一个水平上,有利于根据地面猎物发出的声音来确定猎物的正确位置。猫头鹰是现存鸟类中在全世界分布最广的鸟类之一。除了北极地区以外,世界各地都可以见到猫头鹰的踪影。猫头鹰完全依靠捕捉活的动物为食。猎物的大小视猫头鹰的体型大小而定,小到昆虫,大到兔子都有。

动物的交流艺术

### 点击——对猫头鹰的误解

猫头鹰曾是一种倍受人歧视的鸟,至少在我们老家是那样。在我们老家有一

## 禽言兽语真奇妙

种说法叫做：夜猫子（也就是猫头鹰）进宅，凶多吉少。可实际上猫头鹰是一种对人类环境有着保护作用的益鸟。说它是田园卫士一点也不过分。

小时候只是听老人们那么说，我也从来没见过这种猫头鹰，只是夜间听到过它那奇特的"咕咪、咕咪"的叫声，感觉怪吓人的。尤其在夜色弥漫的时候，听着叫人浑身上下起鸡皮疙瘩，头发都会直立起来。要是一个人走在一片树林里，突然猫头鹰在那树丛中叫上那么一声，肯定会吓出一身冷汗的。这就是人们长期以来对它进行恶意描绘造成的恶果。其实猫头鹰的样子是很温顺的。

◆猫头鹰

## 啄木鸟击鼓

在春天到来的时候，雄啄木鸟会发出响亮的叫声，那是它们在伸张自己的地盘，警告他人不得侵犯。这些叫声往往因为树洞的共鸣而特别响亮。其他季节啄木鸟显得特别安静。啄木鸟不像别的鸟儿站立在树枝上，它是攀缘在直立的树干上的。一般的鸟类都足生四趾，三趾朝前，一趾向后；而啄木鸟的四趾，两趾向前，两趾向后，趾尖上都有锐利的钩爪，它的尾呈楔形，羽轴硬而富有弹性，攀爬时成了支撑身子的柱。这样，啄木鸟就可以有力地抓住树干而不至于滑下来，还能够在树干上跳动，沿着树干快速移动，向上跳跃，向下反跳，或者向两侧转圈爬行。

◆啄木鸟

啄木鸟长着一个又硬又尖的长嘴，敲击树干笃笃作响，通过声音能准

### 别具一格的语言——声音交流

确寻找到害虫躲藏的位置。施行"手术"时,它的嘴好像一把凿子,啄开树皮,凿出洞来,直接插进木质内的巢穴。然后伸出一条蚯蚓似的长舌,能伸出嘴外14厘米。且由一条有弹性的结蒂组织连着舌根,这个延长部分从腭下穿出来,伸展向上绕过后脑壳,并从脑顶的前部进到右鼻孔固定。当舌根从下腭向外滑出时,舌头就可以伸得很长。舌头上有黏性的液质,能把小虫粘住。有的啄木鸟,舌尖还有细钩,又是粘,又是掏,使小虫无法逃避。

◆啄木鸟

雄啄木鸟在求爱时,会用自己坚硬的嘴在空心树干上有节奏地敲打,发出清脆的"笃笃"声,像是拍发电报,迫不及待地向雌鸟倾诉爱的心声。

动物的交流艺术

## 禽言兽语真奇妙

# 解读海洋精灵
## ——鲸的发声解密

鲸的拉丁学名是由希腊语中的"海怪"一词衍生的，由此可见古人对这类栖息在海洋中的庞然大物所具有的敬畏之情。其实，鲸的体形差异很大，小型的体长有6米左右，最大的则可达30米以上；体重最重的可达170吨以上，最轻的有2000千克。

◆长肢领航鲸

大海里到处都有各种动物热烈的交谈声，鲸和海豚就是擅长用声音传递信息的高手，它们时常叽叽喳喳不断发出声音，这样在洄游时就不会迷路；在围捕猎物的同时，也可以依靠信息的传递来躲避天敌，下面我们就具体介绍几种常见鲸的发声。

### 怒斥敌人报警声

长肢领航鲸怒斥敌人发出报警声。当长肢领航鲸张开嘴巴发出尖锐刺耳的声音时，表示有不速之客。

### 小抹香鲸为另一半歌唱

小抹香鲸摆尾发声，其挥动尾巴激起的浪声，可以传达数千米远。雄性的唱歌，是为了警告其他雄性不要靠近，并且吸引雌性。它们通过振动"翅膀"上的粗糙部分，或者"翅膀"摩擦而发出声音。

动物的交流艺术

别具一格的语言——声音交流

## 鲸类王国中"歌王"的表演

在鲸类王国中,座头鲸是一种地地道道的奇鲸了。它不仅外貌奇异、行踪神秘,而且智力出众、"歌声"悦耳、听觉敏锐,因此受到海洋生物学家、音乐家、摄影师的钟爱。

座头鲸长相奇妙,背部不像一般鲸那样平直,而是向上弓起,故又名"弓背鲸",或"驼背鲸";背鳍很短小,胸部鳍状肢窄薄而狭长,呈鸟翼状,所以又叫"巨臂鲸"、"大翼鲸"。座头鲸尾叶腹面颜色雪白,鳍状肢特别长,背部黑色,鳍状肢前面腹部具有许多很显眼的纵形肉指,所以,只要座头鲸跃出水面,人们就可以认出来了。

座头鲸有一个很特殊的彼此拍打和跳跃的动作,它们用自己特有的鳍状肢或宽薄的鲸尾叶去拍打同伙,或者互相触体跳跃。对此人们有多种猜测:有的人说这是一种发情表现,有的人说这是发怒产生的,还有人说这纯粹是天性爱好。究竟是什么原因引起的,至今仍是个谜。

◆小抹香鲸

◆座头鲸

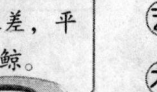

鲸的繁殖能力很差,平均两年才生下一头幼鲸。

动物的交流艺术

### 小知识

**座头鲸是怎样进食的?**

座头鲸进食的方法也很奇妙,首先是冲刺式进食法,将下腭张得很大,侧着或仰着身子朝虾群冲过去,然后把嘴闭上,下腭下边的折皱张开,吞进大量的水和虾,最后将水排除出去,把虾吞食。

## 禽言兽语真奇妙

动物的交流艺术

### 点击——座头鲸的表演

座头鲸还是个一流的表演能手。它拿手的几个节目都有激动人心的效果。第一个节目是"高垂直上升"。座头鲸在海面上突然破水而出，高高上升，身体徐徐向后弯曲。好似杂技演员的后滚翻动作，体态优美似舞女，落水时，几千米外都能听到溅水声。第二个节目是"翘尾下潜"。一头十几米长、几十吨重的庞然大物，仅仅几秒钟功夫，就可迅速潜入水中。潜水时，总是先翘起尾叶，然后头部直入水中，身后带着"一涡旋涡"，以极其优美的姿态消失在大海之中。第三个节目是无与伦比的合唱。座头鲸合唱，大海是欢乐的宫殿大厅，隆隆的巨声复杂多变，包含着"悲叹"、"呻吟"、"颤抖"、"长吼"、"打鼾"等18种不同声音，节奏分明，抑扬顿挫，交替反复，恰似旋律优美的交响乐。1977年春天，美国将座头鲸的歌声比同古典音乐和现代音乐的完美结合，联合国60个成员国将座头鲸的55种不同声音录进同一张唱片里，足见它们的歌声身价之高！

◆座头鲸

> 蓝鲸是须鲸中最大的一种，最长的是1920年间捕于南极海域的一头雌鲸，长33.58米，体重170吨。

## 世界上最大声的歌唱

蓝鲸是世界上最大声的动物。卡明斯和汤普森（1971年）及理查德森等人（1995年）报导，通过距离蓝鲸1米处时参考压力一毫帕的测量，估算蓝鲸的声音在源头处可以达到155～188分贝。即使考虑到水和空气不同的阻抗，不同的标准参考压力，其在空气中的等价声音范围仍有

> 虎鲸的寿命一般为雄：50~60年；雌：80~90年。

别具一格的语言——声音交流

89～122分贝。作为比较,风钻的声音大约100分贝,可见蓝鲸的声音源头处比风钻的声音分贝还高。但人类可能无法体会到蓝鲸是声音最大的动物。因为所有的蓝鲸种群发声的频率都在10～40赫兹,而人类能够察觉的最低频率是20赫兹。蓝鲸的声音持续时间为10～30秒钟。有记录表明斯里兰卡海岸外蓝鲸重复唱4个音符的"歌",每次持续两分钟,这使人想起驼背鲸之歌。研究者认为,因为这种现象没在其他种群中看到,它可能为侏儒亚种独有。

◆蓝鲸

## 鲸类王国"语言大师"的交谈

对鲸类王国中的"语言大师"虎鲸的研究表明,虎鲸能发出62种不同的声音,而且不同的声音具有不同的含义。生活在不同海区里的虎鲸,甚至不同的虎鲸群,它们使用的"语言音调"有程度不同的差异,类似人类的方言,所以研究人员称它为"虎鲸方言"。有时候,某一海区出现大量鱼群,虎鲸群从四面八方赶来觅食,但它们的叫声却互不相同。研究人员推测,虎鲸之间可以通过"语言"交谈,至于它们是怎样听懂对方的"方言",至今尚不清楚。

◆虎鲸

动物的交流艺术

禽言兽语真奇妙

## 母爱的旋律
### ——母狮的吼声

动物的交流艺术

说到狮子的吼声，就会联想到"河东狮吼"这个成语。人们往往借此成语戏谑某人怕老婆，一听到老婆的声音就吓得魂飞魄散。无疑，这"狮吼"一定是指母狮的吼叫声了。其实，母狮的吼叫并不像公狮那般低沉有力而恐怖，母狮的吼声还常常带着某种无奈与悲哀。让我们一起来看看吧！

◆可爱的幼狮

## 雄狮与雌狮的对峙

"单身汉"雄狮为了要多留下自己的后代，它们就会在自己身强力壮的时候多与母狮交配，然而母狮在幼仔出生后约两年时间，一心抚育后代，绝不会接受雄狮的追求和交配。这时雄狮就拿出让自己代代相传的办法——使用暴力，将幼狮除掉（一般不是自己的孩子）让母狮回到发情期。于是便不断发生公狮与母狮的对峙和搏斗。母狮体形不及公狮的三分之二，自然不可能对抗到底；公狮也不会和母狮较真，它首要的目标是搜寻、捕杀幼狮。在纪录片中可看到这类血腥的场面。这时母狮的咆哮就只有绝望和哀鸣了。

狮群以母狮和幼狮为主，狮群主要靠母狮族长狩猎。

*别具一格的语言——声音交流*

## 母狮的护仔行动

母狮如何才能保护好幼仔免遭杀害呢？只有依靠集体的力量。它们三五成群地把幼狮集中在一起，共同来照管、哺育幼狮。它们彼此都有近亲或远亲关系，无血缘关系的母狮是很难打进这种"幼狮团"的。

狮子的领土意识很强，母狮更是迷恋出生地。为了扩大领地，大的狮群往往会吞并小的狮群。母狮的吼叫声往往成了克敌制胜的武器，在晚上齐声大吼，会把邻近的小型狮群吓跑。

◆ 母狮

### 引人思考——母狮护幼惊心动魄

◆ 努力保护幼狮的母狮

在保卫幼狮方面，研究人员的一次实况记录颇能说明问题，并大快人心。

有四头公狮突然入侵一个由三头母狮组成的"幼狮团"。其中两头母狮立即咆哮着出来迎战，另一头母狮则领着幼狮跑进树丛中隐避。待两头公狮前去追赶被母狮带走的幼狮时，幼狮早已藏妥。这头母狮单独出来对付，被公狮围住，整天都不让走动。到了深夜，四头公狮找不到幼狮也就走了，六只幼狮这次居然安然无恙。

经继续追踪，这个狮群最终养大了三只小狮。这是它们的母亲们经过十余次战斗所取得的成果，已经很不容易了。

狮子本来是处在动物食物链的顶端，除了人的伤害和侵入的公狮，母

动物的交流艺术

## 禽言兽语真奇妙

狮没有其他天敌。但母狮为了幼狮的安全总是保持高度警惕。一听到公狮的吼声，就会仔细去辨识，如果这吼声是它"老公"的，它就安然睡它的大觉；若是陌生的又是从附近发出的吼声，它就赶紧带着幼狮转移阵地。

母狮团成员之间主要靠吼声进行交流。如果一头母狮外出遇见麻烦发出求

◆母狮合作捕猎

救吼声，其他母狮总是尽快赶来相助。但有时传来的吼声有数头公狮的声音，有的母狮也会权衡利弊，料想寡不敌众，就不肯去援救了。这时遇难的母狮的咆哮就只有绝望和哀鸣了。

### 小知识

#### 狮子与其他猫科动物有何不同

与其他猫科动物最不同的是，狮子属群居性动物，是地球上最强大的猫科动物之一，非洲的其他猫科动物很难与之抗衡。一个狮群通常由4～12头有亲缘关系的母狮、它们的孩子以及1～2头雄狮组成。这几头雄狮往往也有亲属关系，例如兄弟。

别具一格的语言——声音交流

# 无私的奉献者
## ——雁的精神

秋高气爽,大雁南飞,望着那英姿勃勃掠过天际的阵列,不禁令人浮想联翩……

在我国古代文学中,历代都有文学家与诗人吟咏、赞颂大雁,他们不仅写出雁的生动形象,富有艺术色彩,而且也写出了雁的自然习性,具有科学研究价值。

◆落霞与孤雁齐飞

## 大雁的过冬地点

一年一度大雁迁徙,到底在何处过冬,飞行的终点站又在哪里呢?范仲淹曾指出:"塞下秋来风景异,衡阳雁去无留意。"诗人认为雁在衡阳一带过冬。

唐·王勃的《滕王阁序》也指出:"雁阵惊寒,声断衡阳之浦。"从气候而言,衡阳地处亚热带,冬季较暖,雁群自然可以生活下去了。这也是有生活依据的。当然,有时冬季气温偏低,有一些雁会飞到两广一带,甚至海南地区。

◆雁

动物的交流艺术

> 大雁又称野鹅,天鹅类,大型候鸟,属国家二级保护动物。
> 大雁的飞行路线是笔直的。

"科学就在你身边"系列

禽言兽语真奇妙

动物的交流艺术

## 大雁飞行的学问

雁的飞行也有大学问。陆游《幽居》诗云："雨霁鸡栖早，风高雁阵斜。"这首诗写到了雁飞行借助风力气流的问题。雁翅在空中划过，膀尖会产生一股微弱的上升气流，后雁利用这股气流在前雁膀尖的后面飞，即成"人"字。有时遇到正面强风，须排成"一"字形，阻力较小。

◆雁

大雁排成整齐的"人"字形或"一"字形，也是一种集群本能的表现。因为这样有利于防御敌害。雁群总是由有经验的老雁当"队长"，飞在队伍的前面。无论是什么"雁行"，带头的大雁必须体力最强，才能克服飞行阻力，顺利完成长途迁徙的任务。

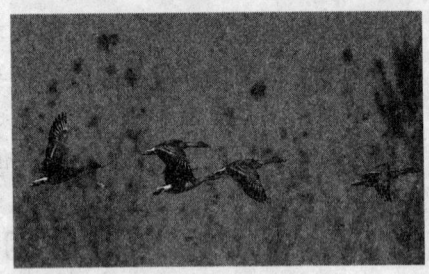
◆雁

### 小知识

**赞美雁的古诗词**

初闻征雁已无蝉，百尺楼高水接天。
青女素娥俱耐冷，月中霜里斗婵娟。
——李商隐（《霜月》）

冰簟银床梦不成，碧天如水夜云轻。
雁声远过潇湘去，十二楼中月自明。
——温庭筠（《瑶瑟怨》）

别具一格的语言——声音交流

## 大雁的精神

在飞禽中，雁的警惕较高。雁宿江湖沙洲中，往往千百成群，有的在周围专司警戒，站岗放哨，如遇到袭击，就会鸣叫报警，而它自己由于暴露目标，往往壮烈牺牲。陆游曾说过："宁为雁奴死，不为鹤媒生。"鹤媒又是什么呢？原来它是一种被驯养了的鹤，为猎人效劳，以诱引其他鹤而捕之。

◆雁

雁中的孤雁，由于伴侣死去，不愿再嫁娶，过着孑然一身、形影相吊的生活，甘为同伴站岗放哨，自己也得到安慰，这种自我牺牲精神，颇值赞颂。雁奴一般在群雁落脚的附近守卫，一发现情况立即鸣叫报警，并带领群雁飞向天空，以避开敌害。我们知道，鹅起源于雁，驯化的历史可能在铜器时代。至今鹅仍保持着雁的许多优点，晚上睡觉时，它们跟雁奴一样，派有负责警戒的哨兵；它们相互间很讲友爱，绝不会为争食而打斗，可见文学中的雁奴形象是符合客观实际的。

◆雁

**雁过拔毛的意思**
大雁飞过都要伸手拔几根毛，比喻凡是过手的事都要得些好处，绝不轻易放过。

动物的交流艺术

## 大雁的求偶

雁还有一种习性：求偶时纵情欢乐，婚后严格实行一夫一妻制。生活在青海湖一带的斑头雁，求爱时互相追逐，特别是雄雁围着雌雁游动，头

## 禽言兽语真奇妙

不停地上下摆动，发出"呵哥——格呵哥——"的亲昵叫声，于是雌雁微展两翅，相就交尾，婚典即告完成。如果生活过程中雄雌失去一方，则终身甘为孤雁。迁徙时，孤雁掉队，常常发出悲鸣。孤雁的命运常引起诗人词家的同情，写出过许多引人啜泣的诗句。庾信的《秋夜望单飞燕》中就有"失群寒雁声可怜，夜半单飞在月边。"诗句。

◆雁

综上所述，雁自有其情操和品性，与其他飞禽有所区别，所以古往今来写雁的诗词特别多。我们引用明代医学家李时珍的一段话来作为佐证："雁有四德：寒则自北而南，止于衡阳，热则自南而北，归于雁门，其信也；飞则有序，前鸣后和，其礼也；失偶不再配，其节也；夜则群宿，而一奴巡警，昼则衔芦，以避矰缴，其智也。"

### 引人思考——雁的营养价值

据了解，雁肉属于低脂肪、低胆固醇、高蛋白。《千金食治》、《本草纲目》等十多部药典中均对雁肉有详细记载：性味甘平，归经入肺、肾、肝，祛风寒，壮筋骨，益阳气。当然，根据我国的野生动物保护法，真正的野生大雁是禁止捕食的。据了解，目前国内真正能飞又能吃的大雁只有向海大雁。

◆雁

大雁的羽绒保暖性好，又非常轻软，可作枕、垫、服装、被褥等填充材料，比较硬的羽毛可用来加工成扇子及工艺品等。

别具一格的语言——声音交流

# 爱的结晶
## ——禽蛋的艺术

1906年，古巴圣地亚哥有个名叫波雅代的人拣到了一只白色的小蛋，长度只有1.14厘米，宽0.81厘米，也就是说只有青豆粒那么大。经过专家检验，证实是一只蜂鸟蛋。

世界上什么鸟生的蛋最大呢？蛋有自己的外衣吗？妈妈们对蛋有偏爱吗？关于禽蛋有什么有趣的故事吗？下面就让我们一起来看看吧！

◆禽蛋

## 世界上最大的蛋——鸵鸟蛋

到非洲旅行的游客常会发现，有些非洲人在搬家的时候，前面走的是骆驼，背上负着重载；后面跟着两只大鸟，鸟背上驮着小孩和小型家具，尽力为主人迁居效劳。这种大鸟就是饲养在家中作运输工具用的大鸵鸟。鸵鸟身材高大，生一枚蛋就有1.5～2千克重，等于8000枚蜂鸟蛋，或35枚鸡蛋。鸵鸟蛋的蛋壳很厚，而且十分坚固，一个50多千克重的人站在上面也压不破。所以有的非洲人因当地缺少瓷碗，就用鸵鸟蛋壳来当饭碗，倒是很别致的。

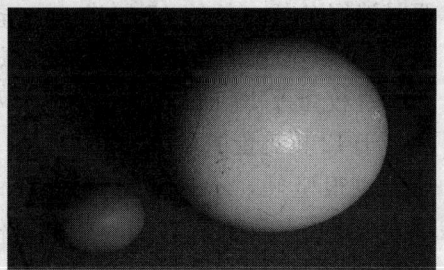
◆鸵鸟蛋

动物的交流艺术

## 禽言兽语真奇妙

> **小知识**
> **蛋黄的营养价值**
> 蛋黄含有丰富的蛋白质、脂肪、钙、卵磷脂和铁质等营养成分。其中卵磷脂与脑部的神经传达作用有关,可促进学习、记忆的能力,达到预防老人痴呆的功效。胆碱还可避免形成脂肪肝及改善肝脏机能。而蛋黄所含的铁质,利用率最高,是补血的最佳天然食品。

动物的交流艺术

## 世界上次大的蛋——鸸鹋蛋

仅次于鸵鸟蛋的是鸸鹋生的蛋。澳大利亚的国徽上有两种动物,左边的是袋鼠,右边的就是鸸鹋。这种鸟常常发出"而苗"的叫声,名字即由此而来。鸸鹋身高1.5米至1.8米,体重五六十千克,由于它的体型、大小和鸵鸟很像,往往被误认为是鸵鸟。鸸鹋生的蛋是淡绿色的,长约15厘米,表面有很多小孔,重570～680克,每枚蛋平均600克左右,相当于12枚鸡蛋的重量。鸸鹋蛋壳也很坚硬,不容易打碎。

> **鸵鸟心态**
> 遇到危险时,鸵鸟会把头埋入草堆里,以为自己眼睛看不见就安全了。后来,心理学家将这种消极的心态称之为"鸵鸟心态"。

> **蛋的释义**
> 蛋指的是某些陆上动物产下的卵,胚胎外包防水的壳。在适当的温度下,蛋会在一定时候孵化,幼体用口部上方的角质物凿开蛋壳破壳而出。

澳大利亚一些土著人常用鸸鹋蛋壳作为盛食物的器皿,也有人用它来当水瓢。

## 孵蛋的艺术

产蛋是禽类传宗接代的需要。南极企鹅和孤岛上的海燕不受其他动物

别具一格的语言——声音交流

侵扰，每窝生蛋一枚；夜莺每窝生蛋两枚；而大多数鸣禽，如燕子、画眉等则每窝生蛋三四枚。生活在矮坡草丛里的雉鸡、秧鸡，一窝生蛋10枚以上。一窝蛋的多少常常与维度有关，同一种鸟在温带要比热带生蛋多一些。有许多鸟类一年内不止产一窝蛋，也有两窝三窝的。雀类繁殖较快，有时年产三窝以上，如果麻雀发现窝内少了一枚蛋，就会千方百计想办法补生一个，以凑够数量，似乎是按计划进行生育的。

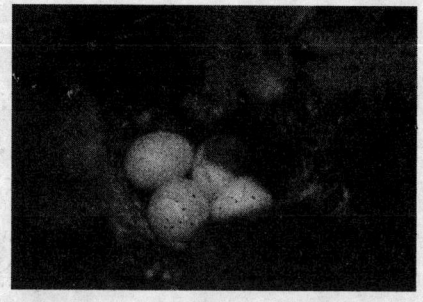
◆蜂鸟蛋

产蛋多少，与营养、食物源有直接关系。猫头鹰生多少蛋取决于它抓到了多少老鼠。在食物丰富时，每窝可产10多枚蛋，如捕获的老鼠少、饥寒交迫，产蛋量要减少一半，甚至一年内都不繁殖。鸡也是这样。鸡的祖先是原鸡，属于鸟类，身体轻巧，善于飞翔。经考证，原鸡在营养不良、温饱无保障的情况下，一只母原鸡一年只生8~12枚蛋。五千年前原鸡被驯化为家鸡，近代又进行育种改造，它才变得这么能产蛋了。

◆画眉

家禽产蛋的时间不一，在一般情况下，鸭在凌晨一两点钟，鹅在上午8时至10时，鸡一般在上午11时至下午2时，鹌鹑在下午3时至4时。

◆画眉蛋

动物的交流艺术

"科学就在你身边"系列

## 禽言兽语真奇妙

### 妈妈对蛋的偏爱

无论是鸡还是鸟，都喜欢大蛋，只要有可能，就生得大一些，而且生过后总要叫几声。母鸡生的蛋越大，叫的声音越响，越感到自豪，以此向雄鸡夸耀。为了证实鸟喜欢大蛋不喜欢小蛋的问题，科学家进行过试验：在鲱鸥的巢中放了两枚木制的假蛋，一枚大小一般，另一枚比普通的大20倍，结果鲱鸥回巢巡视时不去理会小蛋，只一心一意地想去孵化那枚大蛋，尽管每次都滚下来，仍拼命试着要爬上去。

### 蛋的保护色

有的蛋还带有保护色，以减少被发现或丢失的可能。鸵鸟在沙漠里产蛋，蛋壳呈砂砾的色泽；海燕在海滩上产卵，其色如同卵石；苇莺在芦苇丛中生蛋，其色浅绿；鹌鹑在山地产卵，蛋壳的花纹如同花岗岩；画眉在绿野树荫下产卵，则呈纯蓝色；海鸥在海滨沙滩上产卵，大都是白底褐斑色；啄木鸟的卵产在树洞里，颜色与普通木质一样，纯白洁净，外面不易发现。可见蛋的颜色与动物的生存环境有关，起着保护作用。

◆苇莺

### 鱼目混珠的杜鹃蛋

最有趣的是杜鹃鸟，它自己不会孵蛋，却会"鱼目混珠"，常常把自己的蛋偷放在别的窝巢里，请别种鸟代孵。杜鹃鸟具有惊人的模仿能力，看看寄生鸟产什么颜色的蛋，它也生什么颜色的蛋，不仅蛋的外色一致，而且蛋的大小和花纹斑点也能生得相似。这样骗过寄

◆杜鹃蛋

别具一格的语言——声音交流

生鸟，使之日夜代为孵化育雏。

**斤斤计较的鸵鸟妈妈**

鸵鸟孵蛋就很计较，只愿孵自己生的蛋，而不肯替它鸟效劳代孵。如巢中放着40枚鸵鸟蛋，鸵鸟进巢孵时只给20枚蛋以温暖，其余的20枚得不到孵化。有趣的是：那些作了巧妙标志的没有孵化的蛋都不是它自己所生的，至今还没有人能知道母鸵鸟怎么能分得那样清楚。

**想一想议一议**

**蛋白的营养价值如何？**

蛋白中含有一种叫白蛋白的蛋白，具有清除活性氧的作用，可增强人体免疫力，达到防癌的功效。且蛋白中的卵白蛋白，可活化巨噬细胞，抵抗外来病菌的入侵，提高身体的免疫力。

**引人思考——蛋中潜藏的危机**

**1. 胆固醇**

蛋中含有较高的胆固醇，它被认为可能会使血脂增高，导致血管硬化，所以一般人皆知晓，有冠心病、高血压、高血脂、高胆固醇等疾病的人，不宜多吃蛋。

◆鹌鹑蛋

不过，也有部分医学研究认为，蛋黄含有丰富的卵磷脂，它是一种很强的乳化剂，能使胆固醇和脂肪的颗粒变小，并呈现悬浮状态，这样将有利于脂质透过血管壁，被组织吸收利用，使血中胆固醇减少。因此医学界建议，已经有病在身而须限制胆固醇摄取量的人，最好在营养师的指导下，控制蛋黄的食用量。而一般民众，在吃蛋的同时，则须控制动物性脂肪及热量的摄取，并多吃蔬菜水果，才能避免胆固醇过高。

## 禽言兽语真奇妙

### 2. 细菌性中毒

蛋在生产、运送及储存的过程中，如果没有确实做好卫生保管工作，可能提供沙门氏菌、肠炎弧菌、金黄色葡萄球菌及其他细菌滋生、繁殖的好机会，吃了这种被细菌污染的蛋，会使人出现上吐下泻、腹痛、发烧等症状。

### 3. 抗生素残留

抗生素能促进鸡的生长，增加产蛋率，但过量使用抗生素则会残留在鸡肉或鸡蛋里面，会对人体健康造成危害。

别具一格的语言——声音交流

# 花心的鼻子
## ——南象海豹的杀手锏

提起海洋中的捕食者,南象海豹很容易被人低估。它不具备抹香鲸的王者气质,没有白鲨如战斗机般矫健的身段,也难及虎鲸的一流智商。它也与巨型鱿鱼、象海豹不同,缺乏那样的神秘感和威慑力。

是谁给它设计了这副体格——童书插画师?若果真如此,倒不难解释它为何生着个能长到近半米长、替它赢得"象海豹"之名的怪异长鼻了。

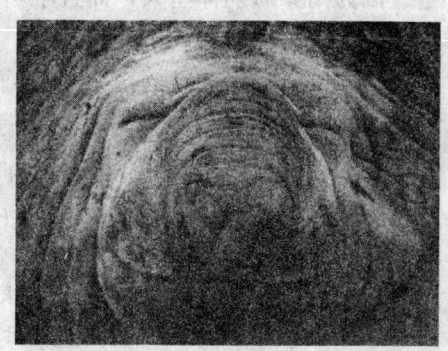

◆ 南象海豹的鼻子

## 南象海豹的形态

南象海豹形状奇特,有一个能伸缩的鼻子,当它兴奋或发怒时,鼻子就会膨胀起来,并能发出很响亮的声音,故名为"象海豹",又由于它们分布在南极周围,其全称被称之为"南象海豹"。

南象海豹雄兽体长6.5米,重4000千克;雌兽较小,体长约3.5米,重1000千克。雄兽约为雌兽的

◆ 象海豹

动物的交流艺术

## 禽言兽语真奇妙

4倍大。身体呈纺锤形，甚粗胖。但是别看它体躯巨大而肥胖，却十分柔软，头向背、尾方向弯曲可以超过90度。

南象海豹有30颗牙齿，门齿小，雄兽犬齿大，上颌犬齿至少为外侧门齿的5倍大。

> 海豹生活在寒温带海洋中，除产仔、休息和换毛季节需到冰上、沙滩或岩礁上之外，其余时间都在海中游泳、取食或嬉戏。

因为南象海豹体型大，而且吼叫声像狮子吼，所以早期人们对多数大型象海豹都称作海狮。

### 小知识

**海豹是什么样子的？**

海豹体粗圆呈纺锤形，体重20千克～30千克。全身被短毛，背部蓝灰色，腹部乳黄色，带有蓝黑色斑点。头近圆形，眼大而圆，无外耳廓，吻短而宽，上唇触须长而粗硬，呈念珠状。四肢均具5趾，趾间有蹼，形成鳍状肢，具锋利爪。后鳍肢大，向后延伸，尾短小而扁平。毛色随年龄而变化：幼兽色深，成兽色浅。

## 南象海豹的生活习性

象海豹的四只脚都呈鳍状，后腿不能向前弯曲，只靠前脚匍匐爬行。虽然它们在陆地上行动笨拙，但只要进入海中，马上变得非常灵活。象海豹主要吃乌贼、章鱼等。繁殖期雄象海豹上岸找一块居家之地，几个星期后雌象海豹也上岸来，这时它们可多达百只一群，但通常是10～20只。雄性此时会有争雄的打斗。幼象海豹在10月初诞生，一生出来就有120厘米长，三四十千克重。母象海豹在产后不久便再次交配，并哺乳幼仔3个星期，此期间母象海豹不吃东西，体重会减少

◆南象海豹的体格庞大

动物的交流艺术

别具一格的语言——声音交流

三分之一。幼象海豹约5个星期脱过胎毛后,即能下海生活了。它们几乎没有天敌,但幼象海豹经常死于象海豹群自身的混乱无序。

## 南象海豹的鼻子

在兽类中,象的鼻子因其长而闻名于世,而南象海豹的鼻子,则以浑圆独特称奇。雄南象海豹长大后,鼻子膨胀起来可形成一个直径四五十厘米的圆球状,悬挂在嘴巴的上端。这种圆球鼻是性成熟的象征,对雌性有着巨大的吸引力。圆球鼻是个"共鸣装置",能发出一阵阵巨大的吼鸣声,5千米内都能听到。在茫茫的冰海上,雌象海豹听到求爱的呼声便争先恐后赶来,欣赏那风雅漂亮的圆球鼻,追随其后甘为妻妾。这位具有英俊鼻子的"美男子"凭着自己的实力常常拥有几十房妻妾,在海滩上大显威风。一年一度繁殖过后,雄象海豹的球形鼻子便缩小了,对异性的吸引力,也随之消失。

### 知识拓展——南象海豹的生存现状

过去这种南象海豹数量很多,但由于它体躯肥大、脂肪丰厚,因而被大量捕杀,现幸存的数量实在少得可怜。南象海豹曾分布在大西洋、太平洋、印度洋三大洋的南部和南极附近的许多岛屿的周围,也曾一度最北到达智利的胡安·费尔南德斯群岛。现在仅分布在围绕南极的大洋岛屿和南极大陆岸边。

◆雪白的小南象海豹

动物的交流艺术

"科学就在你身边"系列

禽言兽语真奇妙

## 幸福之歌
### ——昆虫的求婚曲

鸟啼蛙唱,鸡鸣狗号,这是动物的一种信号,在繁殖时其声也哀,其情也深。虽然不像人类唱歌那样音律优美涵义丰富,但也足以表达它的意愿。

动物求爱的方法很多,以歌诱发只是其中一种。在低等动物中,秋虫的鸣声最复杂,蝉的嘶嘶声,蟋蟀的唧唧声,金铃子的顶铃声,汇成一片。

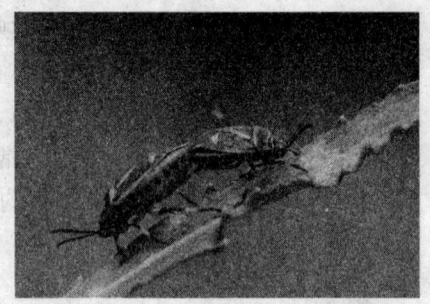

◆蟥

现在就让我们一起走进昆虫的恋曲世界吧!

每当夏末秋初,虫的乐队十分活跃,这是求偶的最好季节。前苏联昆虫学家列根曾发现,雄性蟋蟀在远处鸣唱,意思是"我在这里",雌性蟋蟀一听到歌声就能从几米外跑来相会,接着雄虫又唱另一种情歌,使雌虫安静陶醉。他还进一步作了这样的研究:把雌性的听觉器官破坏后,雌性对雄性的歌声就不再有反应了,可见昆虫唱歌与它们求偶有关。

### 夜歌手——螽斯虫

螽斯虫是个不知疲倦的夜歌手,一唱就是几个小时。它有三种鸣声,求婚曲是最动听的一种,它是由单音节或多音节"唧"、"唧唧"、"唧唧唧"声构成的,有时两只雄的同时追求一只雌的螽斯,这时,两只雄的面对面摆好架势,争唱"唧唧"的抒情曲,谁的歌声宏亮动听,谁就会被雌

### 别具一格的语言——声音交流

◆螽斯虫

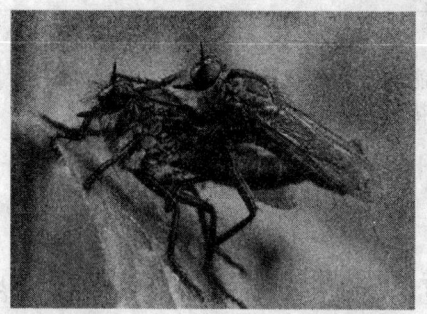
◆食虫虻

螽斯选中,这场"三角恋爱"的纠葛总是以赛歌的优胜者获偶而收场。

## 蚊子的冤屈

鲁迅在其名篇《夏三虫》中说:"跳蚤的来吮血,虽然可恶,而一声不响地就是一口,何等直截爽快。蚊子便不然了,一针叮进皮肤,自然还可以算得有点彻底的,但当未叮之前,要哼哼地发一篇大议论,却使人觉得讨厌。如果所哼的是在说明人血应该给它充饥的理由,那可更其讨厌了,幸而我不懂。"

◆瓢虫

在夏夜被蚊子所扰的人们很容易对此产生共鸣,不过这有点冤枉蚊子了。蚊子之哼哼,并非它喜欢发议论,或想要让人心烦,而是身不由己。蚊子也是宁愿一声不响地就是一口,因为哼声暴露了它的行踪,让人有了防备。许多蚊子就是死于这哼哼声中的。

### 哼声的来源

哼哼声不是蚊子能够控制的。声音并不是从蚊子口中发出的,而是飞行时其翅膀快速振动而产生的,和其同类的蝇、虻相比,这声音已经小得不能再小了。蚊子的翅膀很细窄,靠快速振动才能维持一定的飞行速度。

## 禽言兽语真奇妙

> 法国有一种蚱蜢，背上有特别器官，能发出轧轧声，像吹魔笛一样对准一方传送，雌虫听到歌声后便闻声而来。

相反，翅膀比蚊子宽大的蝇、虻、蜂的翅膀振动频率要比蚊子的低，大约是每秒 250 次，而翅膀大得多的蜻蜓其翅膀振动频率就更低了，大约每秒只有 30 次。这些昆虫的嗡嗡声也都是翅膀振动的声音，因为翅膀比较大，所以其声音也就比蚊子的响亮得多。

### 小知识

**蚊子翅膀的振动频率有多高？**

蚊子是翅膀振动频率最高的昆虫之一，每秒可以拍动 600 次，而小蚊子（蠓）可以高达每秒 1000 次。

### 嗡声的作用

蚊子的嗡声虽然是翅膀振动的副产物，却对蚊子的繁殖极其重要。昆虫学家很早就发现，雄蚊是通过监听雌蚊的嗡声来寻找配偶的。把雌、雄蚊子放进同一个小笼子，要让它们交配最简单的办法是摇晃笼子，让蚊子飞起来：雌蚊飞行时翅膀的振动声将会刺激雄蚊与之交配。

雄蚊对这种性感的声音是如此痴迷，甚至不理会是由什么东西发出的。实验发现，在关着雄蚊的笼子外击打音

◆可恶的蚊子

叉，在一定声音频率范围内的声音，都会吸引雄蚊朝音叉的方向飞去，抓住罩着笼子的纱网，试图与之交配。不少人都有过这样的经历，在野外说话，说着说着突然一只蚊子飞进了嘴中——那肯定是一只雄蚊，它以为有一只雌蚊藏在你的嘴里呢。黄昏时候在野外成群飞舞的蚊子都是雄蚊，你

## 别具一格的语言——声音交流

如果说话，或哼一只曲子，就会吸引它们围着你团团转，不用担心它们会咬你（雄蚊不吸血），但是要注意闭上你的嘴巴。

### 敏感的听力

怎么知道它们的确是不吸血的雄蚊呢？抓一只雄蚊来看看，它的触角长着密集的长毛，看上去就像是一支小小的羽毛，与雌蚊的触角大不相同。不难推测，雄蚊的触角与听觉有关。1855年，美国医生克里斯多夫·江斯通发现在蚊子触角基部有一个感觉器，他推测是雄蚊的听觉器官，后来被称为江氏器。

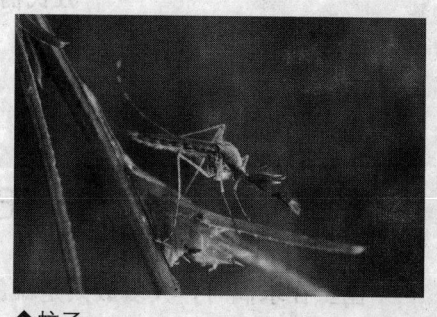

◆蚊子

江斯通的推测过了90多年才被实验证实。把雄蚊的触角剪掉，或用胶把雄蚊触角基部固定住，雄蚊就对雌蚊飞行和音叉发出的声音无动于衷了。把雄蚊触角上的毛基本都去掉后，它虽然不再对雌蚊有反应，但还是能被响声更大的音叉声所吸引。

现在我们知道，雄蚊是靠触角上的毛来接收声波的，然后把振动传给江氏器中的感觉细胞。雌蚊的哼声太细，雄蚊的听觉必须非常敏感。只要声波的振动让雄蚊的触角尖端发生7纳米（1纳米等于百万分之一毫米）的偏斜，它就能感觉到。这相当于埃菲尔铁塔塔尖出现0.7毫米的偏斜。

### 谱写恋曲

以前认为雌蚊不会留意雄蚊的哼声，近来的研究发现也不尽然。虽然雌蚊的听觉不像雄蚊那么敏感，但也不是聋子。把一雌一雄两只蚊子放在一起，双方都会调整翅膀的振动频率，很快就以相同的频率同步飞行，唱起了同一支恋曲。

> **蚊子的幼虫是什么？**
> 孑孓（jié jué），由蚊卵于水中孵化而成，其体细长，胸部较头部及腹部宽大，游泳时身体一屈一伸。通称"跟头虫"。

动物的交流艺术

"科学就在你身边"系列

## 禽言兽语真奇妙

**想一想议一议**

**江氏器如何敏感？**

雄蚊江氏器中的感觉细胞多达 15000 个，几乎和人的耳蜗中的感觉细胞一样多。

## 哑巴妻子

昆虫在求偶时，大多数只是雄的能"唱歌"，希腊传说有这么一句话："幸福的蝉啊，你有一个哑巴的妻子。"

**点击——蚊子爱叮哪些人？**

蚊子的头上和腿上长着触角和刚毛，有感觉作用，对湿度、温度、汗液都很敏感，所以它们常爱叮爱出汗又不洗澡的人。儿童的皮肤娇嫩，新陈代谢活泼，皮肤上的毛孔挥发汗液快，常挨蚊子叮。还有，蚊子对弱光很喜欢，如果你穿上一件黑色的衣服，正好合适于蚊子的视觉习惯。但是，蚊子对强气流很敏感，夏天当你摇扇乘凉时，蚊子难以接近你。

别具一格的语言——声音交流

# 青蛙王子的演唱会为谁而开
## ——青蛙为什么要叫

青蛙王子的童话故事里讲英俊的王子因得罪了女巫,被下咒变成了一只丑陋的青蛙。女巫说,除非青蛙遇上一位真心爱他的女孩,魔咒才能破解。幸运的是,青蛙终于遇上了美丽的公主,并以他的善良征服了公主的心,于是公主吻了他,魔咒终于解除了。青蛙在那瞬间变回了英俊的王子,他欣喜若狂。从此公主和王子过着幸福的生活。后来人们就把失去原本显赫的地位、权利或者大量金钱,或者被别人陷害后落魄处境的人称为青蛙王子。

◆青蛙王子

## 为什么有的人被叫作青蛙呢

网络上经常把相貌不好的男孩叫"青蛙"。传说有个男子很丑,家人想给他张罗亲事,但是媒人一看见他就哇的一声吐了,赶快跑了。这样次数多了,他也习以为常了,但是父母还不甘心,每次媒人来了,他都端个痰盂过来,说:"请哇。"意思是,吐吧,我就知道你要

◆青蛙(黑斑蛙)

动物的交流艺术

## 禽言兽语真奇妙

吐，不过请吐到痰盂里面，免得把地弄脏了。后来，传了出去，街坊邻居都知道了，"请哇"这个词也渐渐传播开来。此后就演化成看见某人很丑，就说"请哇"，联系这个青年的故事，意思是你很丑很差劲，让人要吐了。时间久了，这个词又慢慢演化成青蛙了。

**小知识**

农田里常见的蛙类有哪些？

在农田里常见的蛙类有黑斑蛙、泽蛙、金线蛙、花背蟾蜍等等。

动物的交流艺术

## 青蛙为什么喜欢在雨后欢鸣

在人们心目中青蛙除了是运动健将、捕虫专家、伪装高手之外还是歌唱家。青蛙嘴边有个鼓鼓囊囊的东西，能发出声音。蛙的发音器官为声带。位于喉门软骨上方。有些雄蛙口角的两边还有能鼓起来振动的外声囊，声囊产生共鸣，使蛙的歌声洪亮。炎热的夏天，青蛙一般都躲在草丛里，偶尔喊几声，时间也很短。如果有一只叫，旁边的也会随着叫几声，好像在对歌似的。青蛙不喜欢在太冷、太热或太干燥的环境里生活，它们喜欢阴凉潮湿的地方，所以下雨的时候，对青蛙来说，真是最高兴不过了，尤其在经过一段天晴干燥的日子。天快下雨的时候，因为气压下降，湿度增加，空气中的水分增多，青蛙的皮肤得到充分湿润，于是就活跃起来了。同时，在阴雨连绵的季节里，很多昆虫都在这时候大量繁殖，这些昆虫就是青蛙最好的食料。而这时候青蛙也刚度过寒冷干燥的冬天，正需要大量捕食昆虫，以恢复体力。在有好食物、又有好环境的情况下，青蛙就不禁纷纷高声歌唱；这时，雄、雌蛙也在池

◆红眼树蛙

别具一格的语言——声音交流

畔水边交配繁殖后代。因此青蛙叫得最欢的时候,是在大雨过后。每当这时,当你漫步到池塘边,你会听到几十只甚至上百只青蛙"呱呱——呱呱"地叫个没完,那声音几里外都能听到,雄蛙的叫声彼此呼应,此起彼伏,汇成一片大合唱。就好像是一支气势磅礴的交响乐,仿佛在为农业丰收唱赞歌呢!

◆金线蛙

## 青蛙的合唱演唱会

科学工作者指出,蛙类的合唱并非各自乱唱,而是有一定规律的,有领唱、合唱、齐唱、伴唱等多种形式,互相紧密配合,是名副其实的合唱。据推测,合唱比独唱优越得多,因为它包含的信息多;合唱声音洪亮,传播的距离远,能吸引较多的雌蛙前来,所以蛙类经常采用合唱形式。尤其是在快要下雨的时候,青蛙的叫声此起彼落,一阵比一阵大,真好像在开演唱会。

知识拓展——蛙科动物起源于印度

比利时科学家提出,蛙科动物可能最早起源于印度,并在当时与大陆隔离的印度板块上被困了6000万年之久,直到印度板块与欧亚板块相撞时,才开始了"走出印度"的历程。

据美国《新科学家》杂志报道,这一理论与学术界传统看法相反。科学家一般认为,蛙科动物首先是在亚洲或非洲地区进化出来的,而后才扩展到印度。

◆树蛙专心捕虫

动物的交流艺术

"科学就在你身边"系列

## 禽言兽语真奇妙

比利时布鲁塞尔大学的科学家通过比较多种蛙科动物的DNA序列特征，提出了这个"走出印度"理论。假设动物发生基因突变的概率是恒定的，那么不同种类的蛙科动物的DNA序列的差别就可以作为一种"分子钟"，用来判断这些种类在血缘上开始分离的时间。

◆泽蛙

科学家在美国《科学》杂志上报告说，比较的结果发现，蛙科动物大约于距今1.2亿年前起源于印度。当时印度板块与欧亚大陆不相连，而蛙科动物不能越过咸水的海洋，因此一直被隔离在印度板块上。直到距今大约6000万年前，印度板块与欧亚板块发生碰撞，蛙科动物才开始向欧亚大陆扩张。

动物的交流艺术

别具一格的语言——声音交流

# 美妙的二重奏
## ——丹顶鹤的情歌

丹顶鹤是鹤类中的一种,因头顶有红肉冠而得名。它是东亚地区特有的鸟种,因体态优雅、颜色分明,在这一地区的文化中具有吉祥、忠贞、长寿的寓意。

你知道丹顶鹤是如何表达情意的吗?让我们一起看看吧!

◆丹顶鹤

## 丹顶鹤的形态及分布

丹顶鹤是国家一级保护动物,为大型涉禽。全身长约120厘米。体羽几乎全为纯白色。头顶裸出部分鲜红色;额和眼微具黑羽;喉、颊和颈大部分为暗褐色。次级和三级飞羽黑色,延长弯曲呈弓状。尾羽短、白色。嘴灰绿色,脚灰黑色。

丹顶鹤分布在嫩江、松花江和乌苏里江流域;长江下游及沿海越冬;在河北、山东为旅鸟;台湾偶见。

丹顶鹤具备鹤类的特征,即三长——嘴长、颈长、腿长。

◆丹顶鹤

动物的交流艺术

"科学就在你身边"系列

## 禽言兽语真奇妙

**小知识**

**你知道鹤顶红吗？**

传说剧毒鹤顶红（也有称鹤顶血）是出自于丹顶鹤头顶皮肤裸露，呈鲜红色。这纯属谣传，鹤血是没有毒的，古人所说的"鹤顶红"其实是砒霜，即不纯的三氧化二砷，鹤顶红是古时候对砒霜隐晦的说法。

### 丹顶鹤的生活习性

丹顶鹤栖息于芦苇及其他荒草的沼泽地带。丹顶鹤为杂食性，春季以草籽及作物种子为食；夏季食物较杂，动物性食物较多，主要动物性食物有小型鱼类、甲壳类、螺类、昆虫及其幼虫等，也食蛙类和小型鼠类，植物型食物有芦苇的嫩芽和野草种子等。

入秋后，丹顶鹤从东北繁殖地迁飞南方越冬。我国在丹顶鹤等鹤类的繁殖区和越冬区建立了扎龙、向海、盐城等一批自然保护区。在江苏省盐城自然保护区，越冬的丹顶鹤最多一年达600多只，成为世界上现知丹顶鹤数量最多的越冬栖息地。

◆丹顶鹤

别具一格的语言——声音交流

## 丹顶鹤的繁殖

◆丹顶鹤

丹顶鹤属于单配制鸟，若无特殊情况可维持一生。每年的繁殖期从3月开始，持续6个月，到9月结束。它们在浅水处或有水湿地上营巢，巢材多是芦苇等禾本科植物。丹顶鹤每年产一窝卵，产卵一般2～4枚。孵卵由雌、雄鸟轮流进行，孵化期31～32天。雏鸟属早成雏。

## 丹顶鹤的恋曲

在人们的心目中，鹤是各种美好事物的象征。目前全世界已知的种类共有15种，我国有9种，几乎占世界种类的三分之二。在这9种鹤中，人们印象最深的要数丹顶鹤了。我国古时候对鹤类的习性及关于鹤类的传说，指的就是丹顶鹤，它是鹤类的代表。

丹顶鹤的鸣声非常嘹亮，作为明确领地的信号，也是发情期交流的重要方式。每年春末夏初，雄雌鹤在芦苇浅滩上，鼓羽亮翅，引颈对唱。雄鹤首先发出"呵—呵—呵"的清脆宏亮的长鸣，接着雌鹤发出双音节"呵呵—呵呵—呵呵"的深情回音。唱完后开始嬉戏，高兴时又唱起来，翩翩起舞。鹤的情歌婉转动人，一般是雄雌交替唱，2.5～3千米外都能听到歌声，难怪古人说"鹤鸣

◆丹顶鹤

动物的交流艺术

"科学就在你身边"系列

禽言兽语真奇妙

九皋，声闻于天"了。

## 松鹤图的渊源

丹顶鹤的寿命可长达50～60年，所以自古以来，人们一直把它与龟一起，称之为长寿动物。在植物方面，也是长寿的象征，因而在许多国画中，画家们总是把丹顶鹤与松画在一起。叫做《松鹤图》，作为长寿的象征。实际上，丹顶鹤是生活在沼泽或浅水地带的一种大型涉禽，常被人冠以"湿地之神"的美称，它与生长在高山丘陵中的松树毫无缘分。但是从艺术家、美学家的角度来看，《松鹤图》乃是千百年来画家的一种艺术创造，即使缺乏科学依据，却富有艺术家的想象力，给人一种美的享受。

◆松鹤图

## "仙鹤"的由来

丹顶鹤羽色素朴纯洁，体态飘逸雅致、雍容华贵，经常昂首阔步，显出一副既骄矜又潇洒的神气，又宛如潇洒出尘放浪形骸的人，所以它在我国历史上被视为仙禽。丹顶鹤鸣声超凡不俗，在《诗经·鹤鸣》中就有"鹤鸣于九皋，声闻于野"的精彩描述。它性情幽娴，在许多神话传说或诗话中，仙人隐士常以鹤为伴，作为仙道的象征，在中国古代神话和民间传说中被誉为"仙鹤"。丹顶鹤成为高雅、长寿的象征，在诗词和中国画中，常被文学家、艺术家作为主题而称颂。

> 北京动物园1954年首次饲养并展出丹顶鹤，1964年繁殖成功。

别具一格的语言——声音交流

**想一想议一议**

**关于丹顶鹤有哪些文化？**

东亚地区的居民，用丹顶鹤象征幸福、吉祥、长寿和忠贞。在各国的文学和美术作品中屡有出现，殷商时代的墓葬中，就有鹤的形象出现在雕塑中。春秋战国时期的青铜器钟，鹤体造型的礼器就已出现。

**知识拓展——丹顶鹤的保护状况**

丹顶鹤是大型涉禽，在湿地环境中属于食物链的上层，是湿地生物多样性的关键种。日本北海道的阿依努人把生活在钏路湿地的丹顶鹤称为"湿地之神"。目前它们面临的威胁主要有：

栖息地的破坏。在中国东北和远东地区人类活动对湿地的破坏在20世纪60年代以后急剧加重，湿地的围垦不仅仅侵占了丹顶鹤原有的栖息地，还使原本连通的水系阻断，再加上近些年远东地区气候干旱化趋势明显，水域面积缩小严重。人类活动引入的污染也威胁着丹顶鹤的生存，此外如烧荒等开垦方法，对丹顶鹤的巢材和掩蔽处毁坏严重，致使其分布更为狭窄。

偷猎。由于自古东亚地区对丹顶鹤就有着对其羽毛和器官的需求，猎杀就难以避免。虽然近些年随着保护法规的建立，直接的猎杀很少发生，但是用投毒来猎捕其他水禽的方法，已成为丹顶鹤的重要死因。

目前，丹顶鹤是国家一级保护动物，在国际自然保护联盟（IUCN）的红皮

◆丹顶鹤

◆丹顶鹤

## 禽言兽语真奇妙

书中记载的物种是濒危物种，在濒危物种国际贸易公约（CITES）中列入附录一。

### 点击——丹顶鹤的故事

动物的交流艺术

有个美丽的女大学生，名叫徐秀娟，她的父亲是扎龙自然保护区的一位鹤类保护工程师。徐秀娟小时候常常帮着父亲喂小鹤，潜移默化中也爱上了丹顶鹤。徐秀娟长年累月地与丹顶鹤生活在一起，许多丹顶鹤都成了她的朋友，其中有只丹顶鹤总是喜欢粘着她，她叫它"赖毛子"。有一天，有个割芦苇的人突发盗猎之念，当赖毛子毫不戒备地接近他时，却突然被一把抓住脖子，且欲置它于死地。幸好路经此地的徐秀娟听到它凄惨的叫声，并不顾一切地冲了过去，与那个人展开了拼死搏斗，才最终让它捡回了一条生命。从此，赖毛子对徐秀娟更亲热和依恋了……

◆丹顶鹤

徐秀娟大学毕业后，决心在盐城自然保护区工作。盐城自然保护区是丹顶鹤的主要越冬地，如果能在那里建立一个不迁徙的丹顶鹤野外种群，那将是保护濒临绝迹的丹顶鹤种群的一个重要突破。徐秀娟为了事业，含泪挥别亲人，不远万里前往盐城。在这次远行中，作为礼物，她带了两只丹顶鹤赶往盐城。有一天，平常规律性很强的这两只丹顶鹤在天黑之时没有按时归巢，因为害怕它们发生意外，不敢大意的徐秀娟找了它们两天两夜。可谁又能想到，她却在寻找这两只丹顶鹤的过程中，滑进了沼泽地，再也没上来过。生命的脆弱总是让人很是无奈，一瞬间的别离，也许就是一世。当这两只贪玩的丹顶鹤飞回时，它们再也没见不到曾挽救过它们生命的徐秀娟了，它们只能在她的身边徘徊，不停地低下带着红冠的头，用长长的喙整理着她湿淋淋的衣服……也许因为失去了这么好的一位朋友而感到难受且自责，从此以后，这两只丹顶鹤再也不夜不归宿了。当徐秀娟的遗体下葬在保护区的滩涂上后，它们至今仍是喜欢站在徐秀娟的坟头上"嗝啊……嗝啊"地叫着，似乎向她倾诉着心中

别具一格的语言——声音交流

的思念。

　　更令人吃惊的是,从徐秀娟去世的那天起,远在扎龙自然保护区的赖毛子就从此变得郁郁寡欢,"茶饭不思",总是一天到晚地朝着南方悲鸣,不久后,也无疾而终。

动物的交流艺术

## 禽言兽语真奇妙

# 情歌更新
## ——鲸鱼改唱新曲求偶

动物的交流艺术

从古到今都有很多年轻男女唱情歌求婚,但不同的时代唱的情歌都有所不同。我们人类的情歌在不断地更新,那动物的情歌是否也更新呢?下面我们就来看一项有趣的研究,看看动物的情歌是否更新。

◆座头鲸,又名大翅鲸

### 鲸的求偶新曲

海洋学家发现,居住在太平洋中的鲸鱼改变了它们向异性求欢时所唱的曲调,海洋学家对此感到极为惊讶。

在短短的两年间,生活在澳大利亚东海岸之外的雄性座头鲸,完全抛弃了它们传统的求欢曲,改用来访的印度洋鲸鱼惯用的一首新歌。

这一新发现刊登在伦敦的《自然》杂志上。大约3000头鲸鱼在短期内行为突变,科学家称之为哺乳动物界的一场"革命"。

科学家认为,雌鲸鱼对雄鲸鱼惯唱

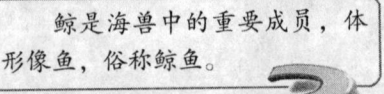

鲸是海兽中的重要成员,体形像鱼,俗称鲸鱼。

◆鲸共舞

别具一格的语言——声音交流

的老歌已感到厌烦，对这首新曲却一往情深。

雄性鲸鱼以唱歌的方式来吸引异性，天气条件好时，在30千米以外都可以听到它们的歌声。

悉尼大学的生物学家诺德是《自然》杂志刊登该文章的作者之一。他说："这首新歌新颖不俗，因而极为流行。"

诺德还说："雌性鲸鱼听到那些老歌无数次了，对它感到厌烦，由此对雄性鲸鱼也不感兴趣了。在通常情况下，雄性鲸鱼都会简略地改变一下求欢曲。"但是，非同寻常之处是其改变速度之快令人吃惊。他认为，这是鲸鱼类动物的一场革命，而不是进化。科学家们认为这首新歌无异于摇滚乐进入流行乐坛时带来的冲击。鲸鱼求欢曲的老调只是单调的高音，新曲却既有低吟，又有高呼。1995年至1998年间，科学家在澳大利亚东海岸录制了约1000小时的雄鲸鱼生活习性后，得出上述结论。

 **小知识**

**鲸是鱼类吗？**

鲸鱼虽然有鱼字，其实它并不是鱼类，而是哺乳类动物，它有许多和鱼类极不相同的特性，例如一般鱼类是左右摆动尾鳍来使身体前进，而鲸鱼却是以上下摆动尾鳍的方式前进。它们利用前端的鳍状肢来保持身体平衡及控制力向，有些鲸鱼背部的上端还有能保持身体垂直的鳍。

## 新曲能否使鲸鱼家族人口爆炸

座头鲸每年因在该海域繁殖，所以需借路两次。诺德认为，尽管这首新的小夜曲颇具魅力，但它不会引起鲸鱼家族人口爆炸。他说，目前鲸鱼数量年增长率约为11%，对鲸鱼而言，这已经像兔子的一样快了。

◆鲸的大嘴

## 禽言兽语真奇妙

### 知识拓展——鲸的祖先

21世纪初，科学家在巴基斯坦发现了两种生活在约5000万年前的哺乳动物化石。这两种动物看起来有点像狗，体型分别只有狼和狐狸那么大，但科学家认为它却是地球上最庞大的动物——鲸的祖先。

◆鲸化石的挖掘

在5000万～6500万年前的第三纪早期，所有的哺乳动物都是生活在陆地上的。因此，现代的鲸、海豚等水生哺乳动物必然是由某些陆生哺乳动物进化来的。但是由于缺乏化石证据，究竟哪类哺乳动物是鲸的祖先这个问题一直悬而未决。在巴基斯坦新发现的这两种化石的解剖形态表明，这两种动物生活在陆地上，有肉食的牙齿，长得有点像狗，但并不属于犬科动物。它们的尾巴比狗更长，嘴更凶猛，眼睛也比较小。它们的耳朵部位有几块奇特的骨头，其形状与鲸类动物相同部位独有的骨头非常相像。

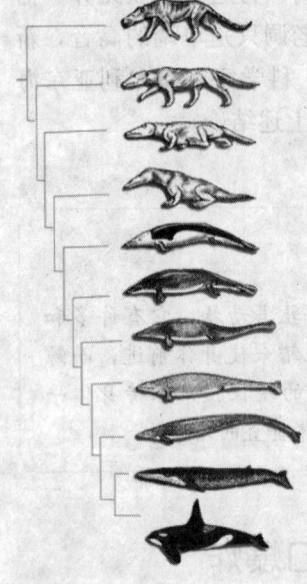
◆鲸进化过程

在很遥远的古代，鲸的祖先和牛羊一样，生活在陆地上。后来环境发生了变化，鲸的祖先生活在靠近浅海里。又经过了很长很长的年代，它们的前肢和尾巴渐渐变成了鳍，后肢完全退化了，整个身子成了鱼的样子，适应了海洋的生活。

# 我来做，你来猜

## ——行为交流

有些动物是以动作作为联系信号的。在我国海滩上，有一种小蟹，雄的只有一只大螯，在寻求配偶时，便高举这只大螯，频频挥动，一旦发觉雌蟹走来，就更加起劲地挥舞大螯，直至雌蟹伴随着一同回穴。

有一种鹿是靠尾巴报信的。平安无事时，它的尾巴就垂下不动；尾巴半抬起来，表示正处于警戒状态；如果发现有危险，尾巴便完全竖直。

蜜蜂的运动语言可算是登峰造极的了，它能用独特的舞蹈动作向自己的伙伴，报告食物（蜜源）的方向和距离。蜜源的距离不同，它在一定时间内完成的舞蹈次数也不一样。动物的行为语言丰富多彩，若想更多了解请继续关注。

我来做，你来猜——行为交流

# 做出来的情绪
## ——猩猩的感情表达

美国全国广播公司最近公布了10种最聪明的动物，人类被列为首位，黑猩猩、大象、海豚等自然界中的动物也一同入选。我们人类拥有智力，黑猩猩也有一定的智力，因为人和黑猩猩的基因有98%是相同的。它们能制造和使用工具，有组织地打猎，猩猩中间也存在暴力行为等。野外观察和实验室研究显示，黑猩猩不仅能感情移入，还有利他主义和自我意识。实验结果显示，黑猩猩在许多记忆测试中比人得分高。

◆ 猩猩在觅食

那么，聪明的猩猩的情感是如何表达的呢？让我们一起来看看吧！

## 猩猩的形态

猩猩体毛长而稀少，毛发为红色，粗糙，幼年毛发为亮橙色，某些个体成年后变为栗色或深褐色。面部赤裸，为黑色，但是幼年时的眼部周围和口鼻部为粉红色。雄性脸颊上有明显的脂肪组织构成的"肉垫"，具有喉囊。牙齿和咀嚼肌相对比较大，可以咬开和碾碎贝壳和坚果。苏门答

◆ 猩猩擅长攀爬

动物的交流艺术

"科学就在你身边"系列

腊猩猩体型偏瘦，皮毛比较灰，头发和脸都比婆罗洲猩猩的长。手臂展开可以达到2米宽，可用于在树林之间摆荡。

猩猩，在马来语中是"森林中的人"的意思。它在树上攀爬的时候十分谨慎。由于太重而无法跳跃，它们穿越森林顶篷间隙的方式是在一棵树

◆猩猩母子情深

上来回地摆荡，直到能够抓住另一棵树，而且它们总会用两个前肢抓住树枝。这种行动方式是通过它们长长的手臂和比较短的腿（比手臂短30%）以及长长的钩状手掌和脚掌实现的，它们的手臂和腿能够在许多方向上自由地活动。猩猩几乎从来不下到森林的地面活动，但是成年的雄性婆罗洲猩猩除外，它们多达5%的时间都是在地面度过的（也许是因为婆罗洲的老虎——猿类的主要掠食者——现在已经灭绝了）。猩猩不能像非洲的猿类一样用指关节行走，当在地面行动时，它们的手和脚是卷起的。

## 猩猩的生活习性和繁殖

猩猩的胃口很大，有的时候它们会花上一整天坐在一棵果树上狼吞虎咽。其食物中大约有60%是果实——果实的种类有几百种，无论成熟与否；猿类喜欢吃果肉中富含糖分或脂肪的果实。在生长有无花果的地方，猩猩会把这种温和的果实当作主要的食物，因为这种果实数量丰富，也容易获得和好消化。猩猩也经常吃树叶和嫩枝、无脊椎动物，偶尔也吃富含矿物质的泥土；它们在很偶然的情况下还吃脊椎动物，如懒猴。当缺少成熟水果的时候，它们会吃种子，或者树木或者藤蔓植物的树皮。特别是在果实歉收的时候，它们强健的齿系为它们带来了很大的好处。当缺少多汁水果时，它们会喝树洞里面的水，即将一只手浸入水中，然后吸食从手腕的毛上流下来的水。

在苏门答腊岛的某些沼泽地中，猩猩会制作棍子一样的工具将种子从

野外猩猩的寿命约为35岁，人工条件下约为60岁。

我来做，你来猜——行为交流

多刺毛的利沙树果实当中取出。它们也会利用工具挖蜂巢中的蜂蜜，或者掏树洞中的白蚁。在使用工具的种群当中，所有的成员都具备这种技能，只不过它们使用工具的频率不同。一个很有趣的对照就是，其他种群的成员并不具备这种能力，哪怕它们与使用工具的猩猩种群只隔了一条河。这种使用工具的当地传统与野生黑猩猩的传统很相似。

雌性猩猩约在 10 岁达到性成熟，到 30 岁停止生育。每 3～6 年产一崽，怀孕期为 235～270 天。幼崽需要哺乳 3 年，7～10 岁的时候才完全独立生活。

◆相互梳理

苏门答腊猩猩被IUCN列为严重濒危级，婆罗洲猩猩被列为濒危级。

## 猩猩的语言

◆猩猩在招呼同伴

猩猩也是过着"社会"生活的，它们有着比猴子更丰富的"语言"。

据观察，每当两只黑猩猩久别重逢的时候，总是互相发出大声的喊叫，或者互相搂抱着亲吻。研究者发现，黑猩猩的"语言"包括 22 种明显不同的声音，就是在日常生活中也常可以听到 8 种。它们的每一种声音，都代表一定的含意，比如不满意时发出"喃喃"的怨声和"哼哼"的诉苦声；当小猩猩掉队时，则发出尖颤音等等。

黑猩猩不仅通过发出各种不同的声音，彼此交流情报、表达感情，而且还常常用手势或

动物的交流艺术

## 禽言兽语真奇妙

> 猩猩行进的时候很费劲，它们每天移动的距离通常不足1千米。

者彼此接触来传递消息。

每当一只黑猩猩捉到了一只野兽，别的黑猩猩就会伸出手来，要求对方给它一些吃。当见到同伴中哪一个过于急躁、发了脾气，别的黑猩猩又会把手搭在它的肩上，抚慰这位同伴，让它平息肝火。

最有趣的是黑猩猩的"击胸"现象，大雄黑猩猩的"击胸"过程由9个截然可分的动作以及一连串的"唬唬"喊声组成，专家们认为这显然是起着模仿和通信的作用。

经过训练的猩猩可以用手势和人类"会话"。有一只叫"娃秀"的猩猩，经过8年训练掌握了160个"手势语言"词汇，而且能将这些词汇组成语句。例如，用"肮脏"和"皮带"的词汇手势，合起来表示自己身上的锁链。还有一只叫"可可"的猩猩，掌握了375个"手势词汇"，能正确表示"去那边"、"快去喝"等等意思。

更有趣的是，有一只叫"拉娜"的猩猩，经过训练，能用计算机回答一些英语语法和其他问题，并掌握了100多个句子。

**小知识**

### 猩猩的简介

猩猩是亚洲唯一的大猿，现在仅存于婆罗洲和苏门答腊岛蒸汽缭绕的丛林里。在灵长类当中，猩猩是世界上最大的树栖动物，也是繁殖最慢的哺乳动物。猩猩被认为是社会的隐居者，而且性生活非常独特，它们建立的地区性模式使人回想起了人类早期的文化。

**知识拓展——猩猩的保护状况**

自从4万年前解剖学意义上的现代人侵入东南亚以来，人类就一直是猩猩的掠食者和竞争者。这种猿类在原先活动范围的灭绝大部分都是由人类的捕猎活动造成的。在历史上，人们为生存而进行的捕猎活动可能也是造成猩猩不连续地分

## 我来做，你来猜——行为交流

布在婆罗洲和苏门答腊岛的原因。

猩猩现在面临着在野外灭绝的境地。猩猩对伐木业很敏感，当伐木活动越来越密集的时候，它们就会完全地消失。自然保护区以外的大部分森林都已被改造成为了农田或者消失了。因此，保护猩猩的唯一有效途径就是在自然保护区和国家公园内保留尽可能多的猩猩栖息地。

马来西亚和印度尼西亚都已经建立了主要的森林保护区。超过90%的野生猩猩都生活在印度尼西亚，然而在20世纪90年代，印度尼西亚发生的经济和政治动乱使得人们开始在受到保护的地区伐木。这场动乱最后引发了婆罗洲毁灭性的森林大火，由此，该地区变得对与厄尔尼诺现象有关的长期干旱越来越敏感。

与一个世纪以前相比，猩猩的数量已经减少了92%以上，而且在1993～2000年之间，苏门达腊岛北部的数量竟减少了整整一半。剩下的种群仅分布于一些小岛，而且它们将继续被隔离，因为猩猩很少向别处"移民"。因此，为了防止猩猩在野外灭绝，需要人类对剩下的森林进行认真的保护和积极的管理。

◆相依为伴

◆森林中的猩猩

动物的交流艺术

"科学就在你身边"系列 · 71 ·

禽言兽语真奇妙

动物的交流艺术

# 孔雀为什么要开屏
## ——孔雀开屏不只是求偶

孔雀被视为"百鸟之王",是最美丽的观赏品,是吉祥、善良、美丽、华贵的象征。有特殊的观赏价值,羽毛可用来制作各种工艺品。我们知道,能够自然开屏的只能是雄孔雀。符合大自然的规律,孔雀中以雄性较美丽,而雌性却其貌不扬。每年春季,尤其是三四月份,孔雀开屏次数最多,这是为什么呢?孔雀开屏和季节有关吗?雄孔雀为什么开屏呢?这些都是大家所关心的问题。下面就为大家细细道来。

◆蓝孔雀

## 孔雀开屏为求偶

我们知道,能够自然开屏的只能是雄孔雀。雄孔雀身体内的生殖腺分泌性激素,刺激大脑,展开尾屏。春天是孔雀产卵繁殖后代的季节。于是,雄孔雀就展开它那五彩缤纷、色泽艳丽的尾屏,还不停地做出各种各样优美的舞蹈动作,向雌孔雀炫耀自己的美丽,以此吸引雌孔雀。待到它

◆绿孔雀

我来做，你来猜——行为交流

求偶成功之后，便与雌孔雀一起产卵育雏。

## 孔雀开屏为自卫

孔雀开屏也是为了保护自己。在孔雀的大尾屏上，我们可以看到五色金翠线纹，其中散布着许多近似圆形的"眼状斑"，这种斑纹从内至外是由紫、蓝、褐、黄、红等颜色组成的。一旦遇到敌人而又来不及逃避时，孔雀便突然开屏，然后抖动它"沙沙"作响，很多的眼状斑随之乱动起来，敌人畏惧于这种"多眼怪兽"，也就不敢贸然前进了。

◆刚果孔雀

在动物园里常会看见游客向孔雀园中的雄孔雀鼓掌拍手，孔雀听到掌声，会为游客表演孔雀开屏。然而，它向人们竖起美丽的羽毛，可能是在向雌孔雀示爱，或者是在向同种雄孔雀示威，也许是在向人们发出警告。它那五颜六色的羽毛其实就是它展示自己、吓唬敌人的武器。孔雀是在通过展示尾羽传播某种视觉信息，可惜，在场的游客却错误地接收并传递了另一种含义的信息。

◆孔雀开屏（蓝孔雀的变种）

◆蓝孔雀求偶

动物的交流艺术

## 禽言兽语真奇妙

**小 知 识**

野生孔雀有哪几种？

野生孔雀有蓝孔雀、绿孔雀、刚果孔雀（新发现，数量少，科学家对此还不太了解）三种。

**知识拓展——与孔雀相关的诗词**

可怜孔雀初得时，美人为尔别开池。——王建《伤韦令孔雀词》
孔雀东南飞，五里一徘徊。——汉乐府《孔雀东南飞》
孔雀未知牛有角，渴饮寒泉逢牴触。——杜甫《赤霄行》
孔雀东飞何处栖，庐江小吏仲卿妻。——李白《庐江主人妇》
孔雀眠高阁，樱桃拂短檐。——温庭筠《偶 题》
鸳鸯钿带抛何处，孔雀罗衫付阿谁。——张祜《感王将军柘枝妓殁》
红珠斗帐樱桃熟，金尾屏风孔雀闲。——温庭筠《偶 游》

动物的交流艺术

我来做，你来猜——行为交流

# 远离我的势力圈
## ——动物如何保护自己的领地

大多数动物都会建立自己的领地，并留下各种记号用以标示。一旦有同类或相近的动物入侵，领主们就会发出声音警告甚至攻击入侵者，摆出一副"我的地盘，我做主"的姿态。动物如何在恶劣的生存环境中管理有限的资源？我们通常以为它们通过鉴别和占有其中较为富饶的区域来获得最好的资源。这些被标示并受到防卫的区域就是它们的领地。领地与家域的定义不尽相同。家域通常是指动物的活动范围，包含一些不存在防御意义的区域。对于某些物种来说，它们对家域中的所有区域都持有同等的防御水平，而另一些物种则偏重于对巢穴所在地或食物丰富的地段重点防御。当巢穴或领地位于资源丰富的区域，这对于它们的生存和繁殖都格外有益。

让我们一起来继续了解吧！

◆海象父子

动物的交流艺术

### 动物为什么要划分势力范围

无论是不同种类的动物还是同种动物的不同个体之间，都会因争夺空间、配偶及其他生活资料而竞争，而且这种竞争有时甚至是十分惨烈的。竞争的结果，使动物之间时

我国有东北虎、华南虎、孟加拉虎、东南亚虎四种虎。

## 禽言兽语真奇妙

◆河马

常达成"契约",彼此划分一定的领地范围,互不侵犯,从而实现栖息地在动物种间和种内的合理划分。

研究表明,动物之所以要划分领土,是出于控制动物生存空间密度的需要。瑞士著名的动物心理学家赫迪格认为,"领土划分"能确保动物的繁殖,并把繁殖率控制在一定的范围(以空间的不拥挤为限),使生活的环境宽敞而安全。一旦出现天敌,就能在熟悉的领地内迅速地躲藏起来。除此之外,"领土划分"还使得动物中的"强者"在自己的领地内建立起一个等级森严的王国,有效地统治它的"臣民"。

随着对动物"领土划分"现象研究的不断深入,人们发现了一些鲜为人知的事实。其中最引人注目的是有关动物之间的空间距离。即动物之间往往保持着一定的距离,并暗示着一定的意义。现在已知道,动物界至少存在着四种距离:"逃避"距离、"危急"距离、"亲密"距离和"社交"距离。"逃避"距离和"危急"距离多半是在不同种的动物体相遇时采用的彼此间隔距离,而"亲密"距离和"社交"距离通常是同种动物相处时采取的距离。

### "逃避"距离

任何一个有心人都能注意到,野生动物会让人或其他天敌走近它,但有一个限度,一旦超过这个限度它便逃之夭夭。这个限度就是赫迪格所说的"逃避"距离。一般来说,动物的躯体越大,它与天敌所能保持的距离("逃避"距离)就越远。羚羊的"逃避"距离为450米,当入侵者离它450米时,它就会逃走;而墙壁上的壁虎的"逃避"距离仅为15厘米。因此,人类在驯化动物时就想方设法排除或大大缩短动物的"逃避"距离。在动物园里就必须这样做,以便让动物无忧无虑地踱步、睡觉和进

蝙蝠是唯一一类演化出真正有飞翔能力的哺乳动物。

*动物的交流艺术*

*我来做，你来猜——行为交流*

食，丝毫不会感到人对它的威胁，从而与动物园的游客"和平共处"，甚至与动物园工作人员结成"莫逆之交"。

**小知识**

**为什么虎尾被称为第三件武器？**

老虎的尖牙和利爪都是非常厉害的武器，它还有第三件武器——尾巴。当它攻击猎物扑空时，就会抡起尾巴向猎物横扫过去，把猎物击倒在地。

## "危急"距离

有时也称为"危急"区，是指动物四周的一个环状带。如果入侵者在这一距离边缘，动物就格外警觉和惊恐，密切关注着入侵者的下一步举动；如果入侵者妄想越进"危急"区，动物就会不顾一切地与入侵者拼斗。赫迪格认为，各种动物的"危急"距离是非常明确的，可以用米尺分别测定它们的长度。

**小知识**

**河马是马吗？**

一说到河马，有的人认为它是马的兄弟，其实河马与马虽都有一个马字，可连亲戚都攀不上，它同牛还可算得上是异族兄弟。

## "亲密"距离

在动物界，有些动物喜欢结群而居，彼此相亲相爱；而有些动物则不愿结群，遵循着"孤家寡人"的生活方式。前者如海象、河马、旱獭、蝙蝠、鹦鹉等，后者如虎、鹰、猫、老鼠等。但即便是后者，也存在着友谊，而且这种友谊一旦形成，就使两只动物亲密无比，因此赫迪格就用"亲密"距离来描述这种非结群动物之间的关系。"亲密"距离的远近，多

## 禽言兽语真奇妙

半取决于动物在其"王国"中的地位。一般来说,动物王国的"权贵"们的"亲密"距离要比它的属下或臣民要远。澳大利亚动物学教授麦克布赖德曾详细地考察过家禽的空间关系,而这种关系随家禽的"社会地位"变化而变化。好斗性是动物王国"上层社会"的一个基本特征,强壮而又好斗的动物能征服弱者。好斗与显耀有很大关系,因此,好斗的动物意气风发,不可一世。然而,为了确保种族的繁衍,必须控制好斗行为。它们一般通过两种方式实现控制:一是形成动物王国的等级体制;二是在动物之间形成一定的空间关系,并严加恪守。

◆老虎

白虎是孟加拉虎的一种变种。由于基因突变,导致孟加拉虎原本橙黄色底黑色条纹的毛发转变成白底黑纹。

动物的交流艺术

## "社交"距离

结群动物一定要生死与共,如果一只结群动物脱离了这个集体,它就会因各种各样的原因很快死去。"社交"距离不仅仅指动物与其群体保持联系所必需的距离(一旦离开这个距离,它就再也看不见、听不到或闻不着群体的活动、声音或气味,因而失去联系),更主要的是指动物群体成员之间的"心理"距离。也就是说,如果一只动物超越了某个距离限度,它就明显地感到焦虑不安。因此,"社交"距离是弥漫于动物群体四周却看不见的箍带。

◆蝙蝠

## 我来做，你来猜——行为交流

### 点击——不同的"社交"距离

不同种类的动物，其"社交"距离也是不同的。火烈鸟的"社交"距离是极短的，只有几米长；有些鸟则非常长，它们有时能于千米甚至数千米之外，借助于尖细的鸣啭声和刺耳的呼唤声来保持联系。动物的"社交"距离不是很固定的，它因不同的情况而有所变化。幼猿在独自外出而失去母猿照看的情况下，它的"社交"距离只限于其手臂的长度。因此，为了保护自己的子女，母猿总是在幼猿走离一定距离时会及时地抓住幼猿的尾巴，把它重新拉回自己的怀抱。当出现危险情况时，猿猴母子之间的"社交"距离便大大缩短。

动物的交流艺术

禽言兽语真奇妙

# 大家休息，一人站岗
## ——群居动物分工

我们知道蜜蜂和蚂蚁都属于社会性动物，它们习惯过"大家庭"生活，其家庭成员间的通信联系，种群内等级的分化及分工究竟是怎样的呢？大家都非常好奇，下面我们来看看蜜蜂和蚂蚁群类分工情况吧！

◆工蜂采蜜

## 蜜蜂间的分工合作

蜜蜂是社会性昆虫，过着群体生活。蜂群是由3种形态和职能不同的许多蜜蜂组成的一个有机体，是蜜蜂赖以生存的生物单位。单只蜜蜂虽然也是一个独立的生物体，它一旦脱离蜂群就不能生存。蜜蜂的这种社会化的群居生活，是在长期的进化发展过程中形成的。蜜蜂是群体生活的社会性昆虫，一个正常蜜蜂群体，是由一只蜂王、几万只工蜂及繁殖期培育的数百只雄蜂组成的，生活在同一巢内。它们在形态、生理和职能上均有明显的区别和严格明确的分工。

蜂王又称母蜂，个体大，发育完善；蜂王的任务是产卵，分泌的蜂王物质激素可以抑制工蜂的卵巢发育，并且影响蜂巢内的工蜂的行为。蜂王

> 蜂王产卵，部分卵细胞不经过受精作用直接发育成雄蜂。

## 我来做，你来猜——行为交流

是由工蜂建造王台用受精卵培育而成的。工蜂对蜂王台里的受精卵特别照顾，一直到幼虫化蛹以前始终饲喂蜂王浆，使蜂王幼虫浸润在王浆上面。蜂王浆含有丰富的蛋白质、维生素和生物激素，对蜂王幼虫的生长发育，特别是对雌性生殖器官的发育起重要的促进作用。随着蜂王幼虫的生长，工蜂把台基加高，最后封盖。羽化出房的新蜂王身体柔嫩，由工蜂给它梳理身上的绒毛，交配成功的处女蜂王不久便开始产卵。处女蜂王交尾后除了分蜂以外，一般不再出巢。蜂王体型细长而稳重，它的寿命一般在3～5年，最长的可活八九年。在春天和花期前后产卵量最高。

◆蜂群

雄蜂的任务是和处女蜂王交配后繁殖后代，雄蜂不参加酿造和采集生产，个体比工蜂大些。雄蜂是由未受精卵发育而成的。在较大雄蜂房里发育，工蜂对它的哺育也较好。在整个发育过程中，雄蜂幼虫的食量要比工蜂幼虫大一二倍。雄蜂生殖系统的发育需要较长的时间，羽化出房后还要经过8～14天左右才能达到性成熟。

◆蜂房

工蜂的任务主要是采集食物、哺育幼虫、泌蜡造脾、泌浆清巢、保巢攻敌等工作。蜂巢内的各种工作基本上都是工蜂们干的；工蜂与蜂王一样也是由受精卵发育成的。对工蜂的哺育照料不如对蜂王幼虫那样周到，仅在孵化后的头三天内饲喂蜂王浆，而自第四天起就只饲喂蜜粉混合饲料。因为这种饲料的营养不如蜂王浆的高，而且缺乏促进卵巢发育的生物激素。因此，工蜂的生殖器官发育受到抑制，直到羽

蜜蜂属于完全变态昆虫，一生中个体发育过程经卵、幼虫、蛹及成虫四个时期。

动物的交流艺术

## 禽言兽语真奇妙

化为成蜂，其卵巢内仅有数条卵巢管，失去了正常的生殖机能。所以，它们是发育不完全的雌性蜂，工蜂的寿命一般是30～60天。在北方的越冬期，工蜂较少活动，并且没有参加哺育幼虫的越冬蜂可以活到5～6个月。每群的工蜂量决定于蜂群的兴盛。

## 蚂蚁间的分工合作

蚂蚁建立群体，也是以通过婚飞方式两性相识结交为起点。相识后一见钟情，在飞行中或飞行后交尾。"新郎"寿命不长，交尾后不久死亡，留下"遗孀"蚁后独自过着孤单生活。蚁后脱掉翅膀，在地下选择适宜的土质和场所筑巢。它"孤家寡人"，力量有限，只能暂时造一小室，作为安身之地，并使已"受孕"的身体有个产房。待体内的卵发育成熟产出后，小幼虫孵化出世，蚁后就忙碌起来。每个幼蚁的食物都由它嘴对嘴地喂给，直到这些幼蚁长大发育为成蚁，并可独立生活时为止。当第一批工蚁长成时，它们便挖开通往外界的洞口去寻找食物，随后又扩大巢穴建筑面积，为越来越多的家族成员提供住房。

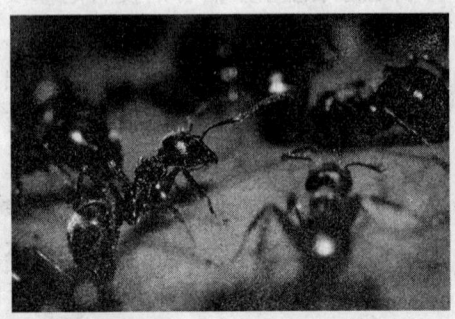
◆蚂蚁

◆蚂蚁交换信息

自此以后，饱受艰苦的蚁后就坐享清福，成为这个群体大家族的统帅。抚育幼蚁和喂养蚁后的工作均由工蚁承担。但蚁后还要继续交配，不断产生受精卵，以繁殖大家族。它的寿命可长达15年。蚁巢有各种形式，大多数种类在地下土中筑巢，挖有隧道、小室和住所，并将掘出的物质及叶

> 雌蚁和雄蚁交配后，雌蚁翅膀会脱落。

动物的交流艺术

### 我来做，你来猜——行为交流

片堆积在入口附近，形成小丘状，起保护作用。也有的蚁用植物叶片、茎秆、叶柄等筑成纸样巢挂在树上或岩石间。还有的蚁生活在林区朽木中。更为特殊的是，有的蚁将自己的巢筑在别的种类蚁巢之中或旁边；而两"家"并不发生纠纷，能够做到和睦相处。这种蚁巢叫做混合性蚁巢，实为异种共栖。无论不同的蚁类或同种的蚁，其一个巢内蚁的数目均可有很大的差别。最小的群体只有几十只或近百只蚁，也有的几千只蚁；而大的群体可以有几万只，甚至更多的蚁。

**小知识**

**蚂蚁大概可以活多少年？**

蚂蚁的寿命很长，工蚁可生存几星期至3～7年，蚁后则可存活十几年或几十年，甚至50多年。

### 点击——不同的蚁型

蚂蚁发育为完全变态。所有的蚁都过社会性群体生活。一般在一个群体里有四种不同的蚁型。

蚁后，有生殖能力的雌性，或称母蚁，在群体中体型最大，特别是腹部大，生殖器官发达，触角短，胸足小，有翅、脱翅或无翅。主要职责是产卵、繁殖后代和统管这个群体大家庭。

雄蚁或称父蚁。头圆小，上颚不发达，触角细长。有发达的生殖器官和外生殖器，主要职能是与蚁后交配。

工蚁又称职蚁。无翅，一般为群体中最小的个体，但数量最多。复眼小，单眼极微小或无。上颚、触角和三对胸足都很发达，善于爬行奔走。工蚁是没有生殖能力的雌性。工蚁的主要职责是建造和扩大巢穴、采集食物、伺喂幼蚁及蚁后等。

兵蚁头大，上颚发达，可以粉碎坚硬食物，在保卫群体时即成为战斗的武器。

禽言兽语真奇妙

# 弑婴凶手
## ——"残忍"的雄狮

在民间，一般把公狮叫作雄狮。这里除了点明狮子的性别，往往还含有对公狮威猛形象的令人敬畏之意。而长年累月生活在密林专门考察、研究狮子的动物学家们却发现这雄伟的森林之王非常"残忍"，具有典型的兽性。

让我们一起来揭开它的真面目吧！

◆雄狮

## "幼狮团"的运行模式

狮子是食肉动物中体型最大的一种动物。母狮子平均是18~26个月产一胎，它怀孕期是4个月左右。每胎可以产1~6个幼仔，但通常是3~4只。小狮子刚出生时既没睁开眼睛，也不长毛，它的体型很小，体重仅有300克，远远低于人类婴儿的重量。幼狮很娇气，六七个月的时候才能断奶，11个月大时才能勉强参与捕食活动。它在16个月以前不能独立生活，完全依赖于母亲。狮子的生活环境很恶劣，捕食时经常和一些大型动物发生冲突，而且要防范其他狮群的入侵，为了保护自己和孩子，通常结成互帮互助的幼狮养育群。狮群是母系社会，里面的所有雌性个体都有亲缘关系，不是姐妹、就是姨或母亲。狮群的这种"幼狮团"正如人类的幼儿园、托儿所，当母狮外出狩猎时，它的小狮子由留在当地的、与其有血缘关系的其他母狮子照看，母狮们共同养育着后代。

我来做，你来猜——行为交流

**小 知 识**

**雄狮为什么怒吼？**

狮子爱吼叫，而且会经常性的吼叫，但这往往并不是愤怒，其实它的吼叫主要为了宣告其领地，威慑其他狮子或食肉动物使它们不敢进入自己领地，显示它的威风，狮子是所有猫科动物中，吼声最大，因为它的喉软骨最发达。有新的狮王打败老狮王后，会长时间大吼，甚至能连续吼几夜，以宣示它是新的狮王。

## "快活单身汉"的残忍行为

雄狮很少对其后代表现出慈爱之情，此时的公狮爸爸成了"快活的单身汉"，它们会参加到由其他单身汉组成的"公狮团"，共同猎食和保卫领地，这种习性可以为其幼仔提供有效的保护。然而，狮群中的公狮子始终是受到其他公狮子挑战的，它不会平平安安地在这个狮群里生活。平均每三年，狮群内的公狮子就要被替代一次。公狮子6岁的时候，体型达到最大，这个时候它最容易成功入主一个狮群。等到三年以后，公狮9岁时就衰老了，很容易被年轻力壮的公狮子赶出狮群。如果母狮子这时正在哺育小狮子，通常不会发情，它不会与新入主的狮子交配，产生后代。一旦父狮的联盟被取代了，其继任者就会急于把自己的基因传下去，尽快地生育新的一批。而原先的群体所留下的任何后代就成了新入主的狮子迅即交配的欲望的障碍，所以入侵的狮子肯定会展开一场大杀戮，以消灭那些带着前任基因的小狮子。

◆雄狮残杀幼狮

动物的交流艺术

## 禽言兽语真奇妙

虽然母狮子会奋起力拼保护自己的幼仔，使之免遭新侵入雄狮的伤害。然而，雄狮的个头比母狮几乎大一半，这种一对一搏斗的输家通常都是母狮。专家指出，幼狮往往成了这种永无止境的冲突的最终牺牲品，一般来说至少有一半的幼狮都被新侵入的雄狮杀害了，而那些跑出去的较大一点的雄性亚成体，在外面能否存活就得要靠运气了，通常只有很少一部分幼狮能够独立成长起来。

> 与其他猫科动物最不同的是，狮子属群居性动物，是地球上最强大的猫科动物之一。

### 点击——世界上的每只狮子，都有一位谋杀犯父亲

公狮咬死或吃掉的虽不是亲生子，却是同类活生生的幼崽，这是许多哺乳动物都不会干的事。公狮的残忍行径，虽出于大自然赋予的生态需要，但也确令人发指。什么是兽性？这就是典型的兽性。其实，在雄性猛兽中也有有意或无意伤害和残杀幼崽的行为，只是公狮更为普遍而已。葛雷克·派克就曾说过："世界上的每只狮子，都有一位谋杀犯父亲。"

◆雄狮残杀其他动物的幼崽

动物的交流艺术

我来做，你来猜——行为交流

# 猫道主义
## ——猫的喜怒哀乐

猫已经被人类驯化了3500年，现在，猫成为了全世界家庭中极为广泛的宠物。越来越多的人尝试了解猫咪，想了解猫咪是通过哪些行为来表现它们的喜怒哀乐？下面我们就介绍一些猫咪的性格特点和它的行为语言。

◆酣睡的猫咪

## 猫咪的性格特点

### 一、贪睡

猫一天中有半天处于睡觉状态，猫在一天中有14～15小时在睡眠中度过，还有的猫，要睡20小时以上，所以猫就被称为"懒猫"。但是，你要仔细观察猫睡觉的样子就会发现，只要有点声响，猫的耳朵就会动，有人走近的话，就会腾地一下子起来了。本来猫是狩猎动物，为了能敏锐地感觉到外界的一切动静，它睡得不是很死。

◆爱撒娇的猫咪

动物的交流艺术

"科学就在你身边"系列

禽言兽语真奇妙

## 二、任性

猫显得有些任性，我行我素。本来猫是喜欢单独行动的动物，不像狗那样，听从主人的命令，集体行动。因而它不将主人视为君主，唯命是从。有时候，你怎么叫它，它都当没听见。猫和主人并不是主从关系，把猫看成平等的朋友关系更好一些。也正是这种关系，它才显得独具魅力。另一方面猫把主人看作父母，像小孩一样爱撒娇，它觉得寂寞时会爬上主人的膝盖，或者跳到摊开的报纸上坐着，尽显娇态。

◆猫咪在伸懒腰

## 三、爱干净

猫咪经常清理自己的毛，小猫在很多时候爱舔身子，自我清洁。饭后它会用前爪擦擦胡子，小便后用舌头舔舔肛门，被人抱后用舌头舔舔毛。这是小猫在除去身上的异味和脏物呢。猫的舌头上有许多粗糙的小突起，这是除去脏污最合适不过的工具。

## 四、反应和平衡首屈一指

猫能在高墙上优雅散步，轻盈跳跃。看到猫在高墙上若无其事地散步，轻盈跳跃，不禁折服于它的平衡感。这主要得益于猫的出类拔萃的反应神经和平衡感。它只需轻微地改变尾巴的位置和高度就可取得身体的平衡，再利用后脚强健的肌肉和结实的关节就可敏捷地跳跃，即使从高空中落下也可在空中改变身体姿势，轻盈准确地落地。猫善于爬高，但不善于从顶点下落。

◆猫咪主妇在织毛衣

> 猫咪如果不出什么意外的话能活8~9年，最多可活35年。

## 五、猫通过叫声与主人对话

和猫交往，猫的叫声不仅能传递信息，而且能表达感情，因而主人能

## 我来做，你来猜——行为交流

通过观察、判断来读懂它，和它交流。猫的性格有很多种，有嘴挺馋的，有爱沉默的，不能一概而论，要长年和它相处，就能读懂它的每句言语。

### 六、猫的报恩

一般猫在临死前会预感到自己将要死去，它会回到它的主人家"道个别"，然后找个无人知晓的地方，独自死去。

**小知识**

**猫为什么能在黑暗视物？**

猫之所以能在黑暗视物，是由于它具有发达的眼角膜，其弯曲的晶状体比人类的大得多，因此晶状体的角膜位置相对地离视网膜近些，为了使光线精确聚焦，角膜与视网膜两者的曲度增大了，能搜集的光线当然多了。

## 猫咪的行为语言

高兴、放松的时候，它会直立站定，尾巴伸直，轻轻地左右摇晃，头上扬，眯着眼打招呼。撒娇的时候，它会绕着你的脚，用头磨蹭你的身体。四脚朝天，在地上翻滚，表示它完全信赖你，觉得十分安全。好奇的时候，它会吼叫着站起来，耳朵朝前倾，尾巴下垂，末端轻轻地摇。若胡须竖起，尾巴迅速地摆动，表示它觉

◆悠闲的猫咪

得来者不善。若全身压低，尾巴卷起来，双耳后压，张嘴，露出犬牙并且出声，表示它生气了。投降的时候，它会把耳朵垂下，尾巴卷进身子，胡须也下垂，身体蜷成一团。

猫是色盲，很多科学家认为，猫只能看见蓝、绿色，但猫不关心颜色。

动物的交流艺术

# 禽言兽语真奇妙

动物的交流艺术

## 知识拓展——猫咪与人的感情

猫通过你的眼神来判断你是否友善，当然也表达自己的态度，比较友善时会天真地看着你，否则扭扭屁股转身就走（尤其在闻不到你身上有任何烤鱼片气味的时候）。猫高兴时会甜甜地叫你，舔你，用身体蹭你，伸长脖子让人挠下巴，前腿搭在你身上让你抱抱，在你怀里打呼噜。猫愤怒的时候首先是呲的一声，与此同时尾巴挺立、毛扎起，有原来的2~3倍粗，耳朵紧贴脑袋，露出大白牙，勾身曲背缩脖，爪子此时已经放出，目露凶光。猫作为家庭成员的义务是每天早上早起，先把自己舔干净，然后帮你舔头发，顺便就把你叫醒了，呼噜呼噜地告诉你今天是多么美好。这就是我们可爱的猫咪。

◆可爱的猫咪

◆猫咪博士在看书

我来做，你来猜——行为交流

# 扭转乾坤
## ——蛙吃蛇的惊心动魄

蛇吃蛙是千百年来亘古不变的规律，谁会想到有一天小小的蛙也会逆天而行，扭转乾坤，吃下自己的天敌——蛇呢？

下面就让我们一起来看看是怎么回事儿！

◆养精蓄锐的五步蛇

## 五步蛇的简介

### 五步蛇的形态

五步蛇含有剧毒，被这种蛇咬后不出五步就会昏倒，又称"五步倒"，头大，呈三角形，吻端有由吻鳞与鼻鳞形成的一短而上翘的突起。头背黑褐色，有对称大鳞片，具颊窝。体背深棕色及棕褐色，背面正中有一行方形大斑块。腹面白色，有交错排列的黑褐色斑块。尾尖一枚鳞片侧扁而尖长，俗称"佛指甲"。五步蛇若被逼

◆蓄势待发的五步蛇

动物的交流艺术

## 禽言兽语真奇妙

迫得无路可逃时,它就调转"尾利钩",破腹自杀,"死而眼光不陷"。

### 五步蛇的生活习性

炎热天气,五步蛇进入山谷溪流边的岩石,草丛,树根下的阴凉处度夏;冬天在向阳山坡的石缝及土洞中越冬。喜食鼠类、鸟类、蛙类、蟾蜍和蜥蜴,以捕食鼠类的比例最高。

> 五步蛇又名尖吻蝮、蕲蛇。是蕲春著名的特产,它与蕲龟、蕲竹、蕲艾合称为"蕲春四宝"。

### 五步蛇的毒性

民间有传说:人被五步蛇咬伤,五步之内必死无疑。其实五步蛇咬人并非五步即死,但被其咬伤后伤口剧痛无比,如果毒性发作快,被咬的人两小时内即会死亡。唐人柳宗元在《捕蛇者说》一文中提到五步蛇时称其"触草木尽死,以啮人,无御之者",其厉害可见一斑。而据宋人编写的《太平广记》记载,五步蛇"乌而反鼻,蟠于草中。其牙倒勾,去人数步,直来,疾如激箭。螫人立死,中手即断手,中足即断足,不然则全身肿烂,百无一活"。

> 五步蛇的毒性与眼镜王蛇的毒性相当,属国家二级濒危保护动物。

五步蛇有长而大的管牙,注入人身体的毒液是一种十分复杂的血液循

◆神秘的五步蛇

◆凶残的五步蛇

我来做，你来猜——行为交流

环毒素，含有十几种能造成身体组织出血、水肿、坏死的酶和多肽，这些物质还对心脏、骨骼肌和周围神经产生极大的破坏作用。被咬伤的人首先会出现肢体肿胀的症状，然后是大面积组织坏死，如未得到及时有效救治，将在几个小时后死于脏器衰竭。

 小 知 识

**五步蛇的生活环境**

五步蛇生活在海拔100～1400米的山区或丘陵地带。大多栖息在300～800米的山谷溪涧附近，偶尔也进入山区村宅，出没于厨房与卧室之中，与森林息息相关。

## 蛙的简介

一般来说，蛙类具有突出的双腿；无尾；后足强壮有蹼，适应于游泳和跳跃；皮肤光滑，潮湿。许多种类主要为水生，但有些种类为陆栖，栖于洞穴内或树上。

虽然蛙类的皮肤有毒腺，但通常这些毒素不能保护蛙类免遭哺乳动物、鸟类和蛇类的捕食。可食的蛙类藉伪装保护，有的种类的体色与背景融为一体，另一些则可以改变体色。有些种类的身体下部颜色鲜艳，蛙移动时鲜艳的身体下部耀人眼目，其目的可能是迷惑敌人。大多数蛙类食昆虫，有一些食小型节肢动物或蠕虫，但也有一些蛙类亦食其他蛙类、啮齿动物和爬虫类。

◆水中山蛙

◆艳丽的山蛙

## 禽言兽语真奇妙

**想一想议一议**

**蛙的生殖方式是怎样的？**

蛙类的生殖特点是雌雄异体、水中受精，属于卵生。繁殖的时间大约在每年四月中下旬。在生殖过程中，蛙类有一个非常特殊的现象——抱对。

动物的交流艺术

## 蛙蛇大战

蛙作为蛇的猎物，天生是其囊中之物，更何况是五步蛇如此厉害角色呢！但是你见过蛙吃蛇吗？那场面真是惊心动魄。雁荡山一带有一种山蛙，躯体并不大，却敢与五步蛇相斗，还能制服它。山蛙斗蛇时预先做好准备，派出一只山蛙高声鸣叫，把洞中的五步蛇引出来。蛇见到山蛙直窜过去，山蛙双腿机

◆善于隐藏的山蛙

灵地一蹬就跃入水中消失了，过会儿又爬出水面蹲在石头上呱呱直叫。此时其他的山蛙听到战斗的信号后，也一起放声鼓噪，弄得五步蛇不知所措。一瞬间有一只机灵的山蛙突然扑到五步蛇头上撒尿，其他的山蛙也跟着扑过去撒一泡尿。蛇眼沾上蛙尿后难受万分，看不清东西。群蛙趁蛇在地上打滚之时，一起扑上蛇身，猛咬猛抓，直至蛇死亡。山蛙攻蛇，除了以众抑寡外，还讲究时机和巧妙的战略战术呢。

**知识拓展——被五步蛇咬伤的急救措施**

一、临床血循毒表现：五步蛇等毒蛇咬伤后，主要表现为出血不止，一般压迫包扎无法止血，并会引起全身广泛出血。

我来做，你来猜——行为交流

二、预防措施

1. 当野外旅行、工作时，尤其在夜间最好穿长裤、蹬长靴，持木棍或手杖，并携带照明工具，防止踩踏到蛇体招致咬伤。

2. 选择宿营地时，要避开草丛、石缝、树丛、竹林等阴暗潮湿的地方。

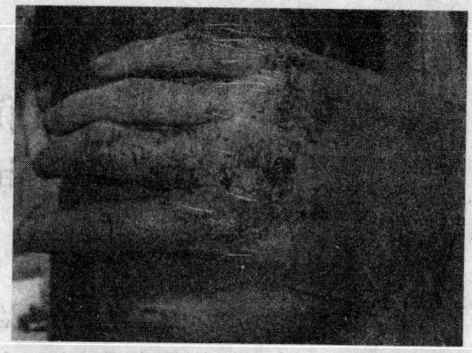

◆被五步蛇咬伤

动物的交流艺术

禽言兽语真奇妙

动物的交流艺术

## 强强联合
### ——鲨之间的合作

大动物吃小生命，大鱼吃小鱼，在动物界是常见的事，但要吃得痛快，就不能不想点办法。就连强大的鲨鱼为了共同的更大利益，也经常强强联合。让我们一起看是怎么回事儿！

◆强大的鲨

## 鲨的形态特征

鲨鱼身体坚硬，肌肉发达，呈不同程度的纺锤形。鲨鱼游泳时主要是靠身体像蛇一样的运动并配合尾鳍像橹一样的摆动向前推进。

鲨鱼每侧有5～7个鳃裂，不像我们平常从集市买来的鲤鱼，有一对鳃盖护着鱼鳃。它在游动时海水通过半开的口吸入，从鳃裂流出进行气体交换。张着口游泳的鲨鱼的确看起来很可怕，可是你能不让它呼吸吗？有少数鲨鱼种类能停在海底进行呼吸。

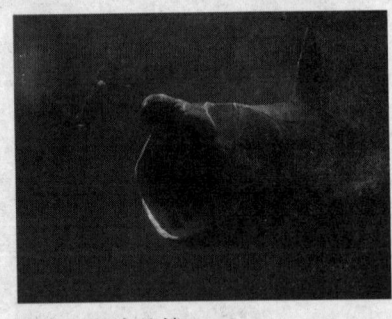

◆张口游泳的鲨

> 最大的鲨鱼是6米长的贪婪大白鲨或称"食人鲨"，它们食海豹、海龟、大型鱼类，偶尔食人。

"科学就在你身边"系列

我来做，你来猜——行为交流

 **点击——鲨无鳔的童话**

鲨鱼没有鳔，所以这类动物的比重主要由肝脏储藏的油脂量来确定。讲到为什么鲨鱼没有鳔，这里有一个有趣传说：在很久以前，上帝创造了鱼，鲨鱼只是一种小鱼。有一天，上帝忽然想到了鱼的贡献，就想赏赐所有鱼一个鳔。但是顽皮的小鲨鱼却在玩耍，等到小鲨鱼知道后，上帝已经走了。小鲨鱼只能不停地游，游啊游，越游越强壮。

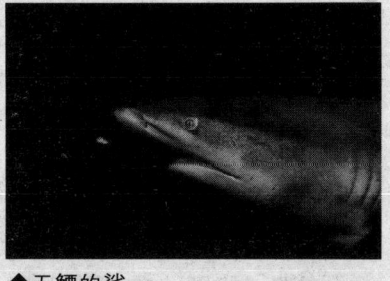

◆无鳔的鲨

千年后，上帝来巡查，发现最强壮的鲨鱼后觉得很奇怪，他对每条鱼都很公平呀！为什么只有鲨鱼是这样？他问鲨鱼，鲨鱼回答说："因为当年我的祖先没有得到您的恩赐，所以它只能不停地游，越游就越强壮了！"

 **想一想议一议**

**鲨的密度多大？**

鲨鱼密度比水稍大，也就是说，如果它们不积极游动，就会沉到海底。它们游得很快，但只能在短时间内保持高速。

## 鲨的敏感嗅觉

根据化石考察和科学家推算得知，鲨鱼在陆地上生活了约1.8亿年，它早在3亿多年前就已经存在，至今外形都没有多大改变，说明它的生存能力极强。但它性格极为凶猛，难怪人们对它存有较大的偏见，认为它是那么的原始和愚笨。其实，鲨鱼不但具有高度发达的脑子，能借助电磁场导航，能将信息储存在大脑的中心部位，而且可直接把信息发送到运动神经系统；并且凭借敏感的嗅觉维持全部生命活动。因此，嗅觉对鲨鱼更显

禽言兽语真奇妙

得十分重要而神奇莫测。

鲨鱼捕捉食物更比老虎高出一等，它可充分利用自己独特的嗅觉，探测食物存在的方向和位置，而老虎只是用眼睛和鼻子寻找食物。

鲨鱼在海水中对气味特别敏感，甚至能超过陆地狗的嗅觉。尤其是血腥味，伤病的鱼类不规则的游弋所发出的低频率振动或者少量出血，都可以把它从远处招来。它可以嗅出水中百万分之一浓度的血肉腥味来，如5～7米长的食人鲨，其灵敏的嗅觉可嗅出数千米外的受伤人和海洋动物的血腥味。

更有趣的是，鲨鱼还能根据各种气味来判别自己的孩子，区别敌人和朋友，使自己经常保持与群体的联系，并能雌雄鲨鱼相约去产卵和排精。

◆聪明的鲨

◆嗅觉灵敏的鲨

## 鲨的利牙

人们知道，鲨鱼在海洋生物中有它许多独特的生态。除了上述它的灵敏嗅觉和很少生病死亡外，而鲨鱼的牙齿结构又是它的另一个独特生态。凡是熟悉鲨鱼的人都知道，它的牙齿像一把锋利的尖刀，能轻而易举地咬断像手指般粗的电缆。

据统计，一条鲨鱼，在10年以内竟要更换掉2万余颗牙齿。

令人惊讶的是，鲨鱼的牙齿不是像海洋里其他动物那样恒固的一排，而是具有5～6排，除最外一排的牙齿才是真正起到牙齿的功能外，其余几排都是"仰卧"着为备用，就好像屋顶上的瓦片一样彼此覆盖着，在最外一排的牙齿发生一个脱落后，里面一排的牙齿马上就会向前面移动，以填

我来做，你来猜——行为交流

充牙齿的空穴位置。同时，鲨鱼在生长过程中较大的牙齿还要不断取代小牙齿。因此，鲨鱼在一生中常常要更换数以万计的牙齿。它的牙齿不仅强劲有力，而且锋利无比。例如，有些鲨鱼的牙齿长得利如剃刀，它就可以用来切割食物；有的牙齿生成锯齿状，可以用来撕扯食物；还有的牙齿呈扁平臼状，它就可以用来压碎食物外壳和骨头等。据说北美洲的印第安人把鲨鱼的牙齿用作刮胡子的工具。

◆鲨的利牙

◆淡定的鲨

◆鲨——"海中狼"

但可怕的是它们在相互抢食时，鲨鱼常常就会不分青红皂白，甚至连自己亲生的孩子——鲨仔，也不放过，吃得一干二净；当一条鲨鱼为其他鲨鱼所误伤而挣扎的时候，这头伤鲨就该倒霉了，其他同宗族的兄弟也同样会群起而攻之，直至将其完全吞食完毕为止；还有更加恐怖的是鲨鱼由于是胎生的，一胎可产10余条鲨仔，最高可达80余条之多，这些鲨仔在娘胎里竟也互相残杀。人们曾在大西洋海岸发现，在解剖一种虎鲨的肚子后得出这一结论：娘胎成了战场，这在任何动物中都是未曾见过的先例。

动物的交流艺术

**小知识**

**鲨的品种**

鲨鱼的种类很多，世界海洋中至少有350多种。鲨鱼，在古代叫作鲛、鲛鲨、沙鱼，是海洋中的庞然大物，所以号称"海中狼"。

### 禽言兽语真奇妙

## 强强联合

大西洋的尖嘴鲨和长尾鲨，为了扩大捕食满足需要，两方会通力合作，配合默契。它们用鳍击浪，抬尾拍水，使水面发出"啪啪"的响声，把受惊的鱼群赶到浅滩，然后缩小包围圈，达到一定密度时，双双张开大嘴奋游过去，饱餐一顿，既省力又吃得痛快。

◆懂得合作的鲨

鲨鱼食肉成性，凶猛异常，连"海中之王"鲸鱼见了它也得退避三舍。它那进食时的贪婪凶残本性，给人们留下了可怕的形象。因此，一提起鲨鱼，人们往往会有谈虎色变之感。

### 知识拓展——鲨鱼的对手

鱼类怕鲨鱼，而鲨鱼怕海豚。成群的海豚联合起来，有组织地围攻鲨鱼，轮番用有力的鼻子击撞鲨鱼的身体侧部。由于鲨鱼骨骼是软的，防护内脏的能力差，聪明的海豚抓住其要害部位，拼命地撞击，不让它有喘息之机，直到把鲨鱼的内脏撞坏为止，往往鲨鱼在一场围歼战中会很快毙命。

◆被围攻的鲨

动物的交流艺术

我来做，你来猜——行为交流

# 以小克大
## ——吃大鱼的小鱼

《西游记》里有一段有趣的描写，大意是孙悟空与铁扇公主相斗，孙悟空变成一只小虫，趁铁扇公主饮茶之机，钻进了她的肚子。于是孙悟空便在铁扇公主的肚子里使劲折腾，铁扇公主痛得死去活来，终于答应借给芭蕉扇。

其实在生物界中，也时时上演着孙悟空和铁扇公主的斗争，让我们一起看看吧！

◆孙悟空

动物的交流艺术

### 硬颚毒鱼 VS 鲨鱼

在海洋中，最凶猛的动物是鲨鱼，可是它的天敌竟是一种小小的硬颚毒鱼。无独有偶，它在对付鲨鱼等敌害的战斗中，也常常使用孙悟空的这种钻肚子战术。它的身体粗短，背扁腹圆，外皮很松弛，腹皮的上皮细胞能分泌色素。除了嘴和尾部外，全身几乎都长满了尖利

◆庞大的鲨

"科学就在你身边"系列

## 禽言兽语真奇妙

的棘刺。鲨鱼饥不择食,乱吞瞎咽,小小的硬颚毒鱼毫不费劲地被它吞进肚里。然而,硬颚毒鱼在鲨鱼肚子里照样能自由自在地生活,就像孙悟空钻进铁扇公主的肚子里一样,在鲨鱼肚子里"兴妖作怪":它把全身鼓得圆圆的,用棘刺不断地顶撞着鲨鱼的胃壁,使鲨鱼痛得不可开交。它把鲨鱼胃壁顶破以后,就钻出来吃鲨鱼的肉。在很短的时间内,它就可以把鲨鱼两肋的肉吃得精光,然后又到海面上继续漂游去了。

### 旋子鱼 VS 大鱼

在希腊的可那伊河里有一种旋子鱼,它在水里像旋子那样呈"S"形螺旋式前进。它有一个坚硬的嘴,小鱼碰上它,会被旋得稀烂,马上成了它的美餐;大鱼遇上它,目标更大,也会被它硬嘴巴旋得千疮百孔,悲惨地死去。如果大鱼吞下它,那更是大祸临头了。旋子鱼就在大鱼肚里到处乱钻乱旋,把大鱼的内脏吃去致使大鱼死去。

◆旋子鱼的天敌河蚌

**小知识**

**旋子鱼的天敌**

旋子鱼也不是无敌的,它最怕河蚌,如果它的硬尖嘴被河蚌夹住,即使它拼命旋转嘴巴,也无法脱身,最终成了河蚌的食物。

### 盲鳗 VS 大鱼

在我国青岛附近海里也有一种专吃大鱼的小鱼叫盲鳗。由于它长期在大鱼肚里生活,所以双眼已经退化失明。它的样子像鳗鱼,前面是圆棍

## 我来做，你来猜——行为交流

状，后面是扁圆的尾巴，灰黑的颜色，肚子下方是灰白色，长约20～25厘米，嘴上有个小吸盘，口盖上长着锐利的像锉刀似的牙齿，舌头也强而有力，伸缩灵活。它先吸附到大鱼身上，然后从大鱼的鳃部钻进腹内，吞吃大鱼的内脏和肌肉，一边吃一边排泄，直到把大鱼吃光为止。它每小时吞吃的东西，竟相当于自身体重的两倍半。

> 盲鳗属圆口类动物，雌雄同体。在交配时它先充当雄体，一段时间以后，又充当雌体。受精卵不经变态可直接发育成小鳗。

◆失明的盲鳗

◆鳄鱼

## 猛鲑鱼 VS 大鳄鱼

还有一种小小的猛鲑鱼竟能吃掉凶猛的大鳄鱼。这是生长在南美洲的一种鱼，身长仅30多厘米。鳄鱼可以吞下一头小猪，可是遇到这种猛鲑鱼也只好甘拜下风了。原来猛鲑鱼的腭骨力量奇大，一口可以咬断钢制鱼钩，人称"锯齿鱼"。它们常常合群出游觅食，如果碰上一条大鳄鱼，它们便会

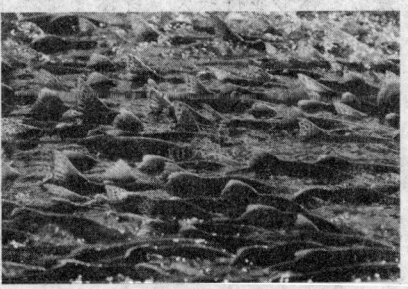

◆鲑鱼

一拥而上用利齿咬住鳄鱼不放，鳄鱼皮再坚固也没用，顷刻之间，几百条猛鲑鱼就可以把巨鳄吃个精光，连骨头也不剩。所以凡是有猛鲑鱼的地方，河流里很难有别的鱼类可以生存。

动物的交流艺术

## 禽言兽语真奇妙

### 知识窗

#### 鲑 鱼

鲑鱼是所有三文鱼、鳟鱼和鲑鱼三大类鱼的统称。科学家们通过对古化石的研究证明，鲑鱼在一亿多年前就已经生存在这个地球上了。鲑鱼生于淡水，但生活在海洋中，每年又要从海洋中逆流而上几千千米，回到出生的地方去交配。途中的困难险阻，也就相当于一次长征了。

### 知识拓展——鲑鱼的产卵

鲑鱼是一种非常著名的溯河洄游鱼类，它在淡水江河上游的溪河中产卵，产后再回到海洋育肥。幼鱼在淡水中生活2～3年，然后下海，在海中生活一年或数年，直到性成熟时再回到原出生地产卵。从进入河口后要游到上游，必须依靠自己的游泳能力，它们为了完成生殖任务而用的力气是非常强大的，为了"飞越"瀑布和堰坝等横在河流中的障碍物，必须有极强的游泳能力，以达到冲出水面，跳过障碍物。它们"飞越"瀑布的行为，多少年来一直被人们赞为奇观。

产卵行动对鲑鱼而言，非常消耗元气，尤其是雄鱼。产完卵的亲鱼显得非常疲劳，体形显得头大、身体瘦弱。在极度疲劳的状态下，要经过长途旅行再回到海洋中去，显得非常困难，大多数个体或因太累，或因疾病、外伤和饥饿，或被水鸟、河獭及其他敌害所残杀。雄鱼能回到海洋活到第二次再来产卵的仅是少数。但大部分的雌鱼仍能回到海洋，在海洋中得到丰富的食物，恢复了以前的常态，重新出现鲜明的银白色，颔的突出部分也因被吸收而缩小。

有的鱼种，溯河洄游的旅程更为艰苦，有的行程达2000多千米。所以这些鲑鱼在生殖完成后，有时在尚未完成之前，它们就会全部死亡，在一些河川内，浮在河道中的死鲑，可以长达数千米，或堆积在河边高达数厘米。

我来做，你来猜——行为交流

# 癞蛤蟆能吃天鹅肉
## ——射水鱼的独门绝招

癞蛤蟆想吃天鹅肉，是空想，但生活在水里的射水鱼却能捕食空中的飞蛾。你想知道怎么回事儿吗？让我们一起来看看吧！

◆调皮的射水鱼

## 射水鱼的特征

射水鱼身体侧扁，嘴较大，可以伸缩。下颌突出，眼睛非常大，在头的前半部。它们身体颜色搭配非常美丽，身体呈橄榄绿色，有几条粗的石青色条纹横在背部，尾部淡黄色，是一种欣赏价值很高的鱼类。

射水鱼大多生活在印度洋到太平洋一带的热带沿海以及江河中，是一种咸淡水鱼，是一种小型的观赏鱼类。

射水鱼十分爱动、调皮，色彩鲜艳。身长只有20厘米左右，长着一对水泡眼，眼白上有一条条不断转动的竖纹，在水面游动时，不仅能看到水面的东西，也能察觉空中的物体。一旦有捕食对象，便偷偷游近目标，先行瞄准，然后从口中喷出一股水柱，将昆虫打落水中。它能把水射到3米

动物的交流艺术

## 禽言兽语真奇妙

多高，距离30厘米内的飞蛾很难逃命。它不仅能把苍蝇、蜜蜂、蝴蝶之类的小昆虫击落，还能把人的眼睛打伤。

## 射水鱼的捕食技巧

射水鱼的特点不仅在水族世界里面，而且在整个动物界都是独一无二的。这是因为它的捕食方法非常特别。

### 射水鱼的特殊结构

射水鱼的秘密武器藏在嘴里，它用舌头抵住口腔顶部的一个特殊凹槽形成管道，就像水枪的枪管一样，更确切地说是玩具水枪的枪管。当鳃盖突然合上的时候，一道强劲的水柱就会沿着管道被推向前方，射程可达3米。这时，舌尖起到了活阀的作用，使射水鱼朝着正确的方向喷射水柱。如果第一次没有成功，射水鱼还会一试再试，它们可以连续发射几道水柱，然后再补充"弹药"。

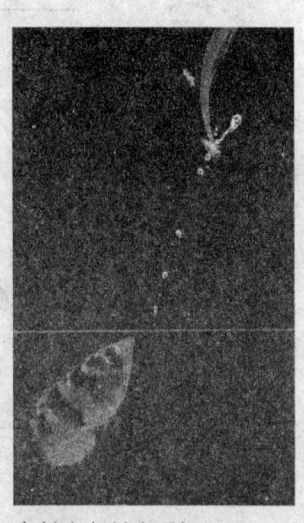

◆射水鱼射水瞬间

### 射水鱼的成功秘诀

◆大眼睛的射水鱼

比起其他许多鱼类，射水鱼的眼睛更偏向前方，双目并用可以帮助它们准确地判断猎物的位置。此外，它们的眼睛还可以转动，紧紧盯住猎物。射水鱼的背部平坦，这就意味着它们能够尽可能的贴近水面。依靠特殊的鳍，它们还能够在水中盘旋。

不过在水里捕捉空中猎物有一个大问题——折射，要想命中目标，射水鱼必须克服这个问题。从水下往上看，一切事物的位置都发

### 我来做，你来猜——行为交流

生了偏移，射水鱼从一侧看到的苍蝇位置与实际位置之间是有差别的。但是有一个地方不会受到影响——苍蝇正下方。此时，"狙击手"就会锁定目标发射"弹药"。

即便射水鱼可以解决物理上的问题，它们的猎物仍有可能死里逃生，这时候射水鱼的另一项特殊本领就要派上用场了。这位生活在水下的居民并不介意暂时离开水面，它们可以跃出水面近30厘米抓住猎物。

### 知识拓展——射水鱼的养殖

射水鱼属广盐性鱼类，海水或淡水都能饲养，但以低盐度的所谓半咸水最理想。水箱宜大一些，水温 22℃～30℃。射水鱼性情温和，可与大小相差不多的其他性情温和的鱼类共养，但单独养更好。产浮性卵繁殖，产卵后应即刻将亲鱼隔离，免被吞食。

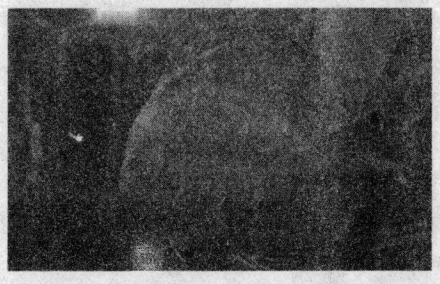

◆色彩鲜艳的射水鱼

观赏鱼爱好者如果在加盖的水族箱中，放进几只会飞的小虫，或在玻璃壁上放上会爬行的小虫，就不难欣赏到射水鱼的绝技表演。鉴于射水鱼的这种特点，水族箱宜大不宜小，水里不要种植浮生水草，以使水族箱留有尽可能大的空间。

射水鱼的体形和体色优美，饲养容易，又身怀射水捕食绝技，大受观赏者的青睐和赞叹！

## 禽言兽语真奇妙

动物的交流艺术

# 小心美人计
## ——投掷蜘蛛的捕食技巧

蜘蛛会结网捕虫，人们以为它有"智慧"，给它起名叫"知蛛"（古代"知"同"智"）。因它是昆虫，后来就加了虫字旁。你想知道小小蜘蛛的捕食技巧是什么吗？让我们一起走入它们的世界看看吧！

◆聪明的蜘蛛

## 蜘蛛的特征

蜘蛛喜阴暗潮湿、通风透气的地方穴居，适宜温度10℃～35℃，湿度50％～80％的环境，成年蜘蛛一次交配，终身产卵，3～6月为产卵期，高峰期每两年可产三次，平均每次产卵100～300枚，产期15年，卵化成活率达95％，寿命30年。

夏秋时节，人们常常可以看到许多蜘蛛在墙角、树枝间结成一张

◆蜘蛛

## 我来做，你来猜——行为交流

> 蜘蛛的血液是青色的。蜘蛛捕食的昆虫大多是害虫，所以，蜘蛛是对人有益的动物。我国已经发现的蜘蛛有1000多种。

张蜘蛛网。蜘蛛将爪子放在连着蜘蛛网的丝线上，在一旁等候。每当有蚊虫飞过，常常会撞到网上被网挂住，拼命挣扎也不能挣脱。这时蜘蛛就会迅速爬过去将落网的昆虫吃掉。

其实蜘蛛的结网捕虫并不是什么智慧，而是一种本能。有人曾把蜘蛛放在一个根本没有任何昆虫的房间，它如果真有"智慧"就应当知道在此结网没有用处，但事实恰恰相反，它仍然有条不紊地织起网来。

## 蜘蛛的结网过程

你知道蜘蛛是怎么织网的吗？在桥的中央固住一丝，自身坠在一条丝上往下垂，到地面上或另一树枝上，把此丝黏住。蜘蛛回到中心，拉多根从网中心向四周辐射的辐射丝。然后，蜘蛛爬回网中心，从里向外用干丝拉出临时的螺旋丝，各圈螺旋丝之间间距较大。再后蜘蛛爬到最外围，自外向网中心安置带黏性的较紧密的捕虫螺旋丝。一边结，一边把先前结的不带黏性的干螺旋丝吃掉。网全部完工后，有的蜘蛛从网中心拉一根丝（信号丝）爬到网的一角的树叶中隐蔽起来。

◆勤劳结网的蜘蛛

动物的交流艺术

## 蜘蛛的感觉

蜘蛛能够发觉昆虫落网而奔过去将其吃掉，这主要是靠它所具有的一种感觉能力。这是一种比感应性更为高级的反应形式。当昆虫落网时会使

# 禽言兽语真奇妙

蜘蛛网产生振动，蜘蛛的感觉就是对这种振动的反应，而这种反应只能将网的颤动与有东西落网联系起来，而不能告诉落网的是什么东西。

如果把蜘蛛不能吃的东西（土块或砂粒）投到蛛网上，它同样会奔向前去。这说明像蜘蛛这样的动物已发展出一种比植物和其他低等动物的感应性更高级的形式——感觉，这是一种最低级的动物心理，依靠它，动物对周围环境影响的辨别更加精确，反应也更为主动和灵活。但是仅仅靠感觉，动物对环境的适应仍具有很大的局限性。

◆蜘蛛捕食的瞬间

## 投掷蜘蛛的诱惑

> 蜘蛛腹部不分节，有消化系统、心脏、生殖器官和丝腺。进食时先吐出消化液，进行体外消化，再吸入液化的食物。

在南美洲的哥伦比亚，有一种蜘蛛，体内能合成某些蛾类的性外激素。每当蛾类交尾季节，这种蜘蛛将自己体内的蛾类性外激素放出，特别是在有风的天气，处于下风的蛾，真假难辨，便逆风而上，寻求自己的伴侣，但它们得到的是葬身于蜘蛛之口。

这种蜘蛛并不像其他蜘蛛那样拉网捕食，因为它不会拉网，但它有另外的奇特的捕蛾办法，它把自己分泌的丝滚成圆球，用丝线连在自己的螯肢上。当有蛾子自己送上门来时，这种蜘蛛便准确地将粘丝球猛地一掷，击中飞蛾，粘球击中蛾子并粘住它之后，便将丝线收回。由于这种捕食方式，人们称这种蜘蛛为"投掷蜘蛛"。

## 我来做，你来猜——行为交流

### 知识窗

#### 蜘蛛是益虫还是害虫？

蜘蛛对人类有益又有害，但就其贡献而言，属于益虫。例如，在农田中蜘蛛捕食的，大多是农作物的害虫。同时许多中医药著作中，都有用蜘蛛入药的记载。因此，保护和利用蜘蛛具有重要的意义。

### 知识拓展——奇特的蜘蛛

【子食母的蜘蛛】

红螯蛛就是子食母的一种。红螯蛛的幼蛛附着在母蛛体上啮食母体，母蛛也安静地任其啮食，一夜之后母蛛便被幼蛛啮食而亡。

【吃鸟的蜘蛛】

在南美洲有一种很大的蜘蛛，最大的像鸭蛋那么大，吐的丝又粗又牢，在树林里结网，经常用网捕捉小鸟。

◆黑脚蚂蚁蜘蛛

【替人守店的毒蜘蛛】

伦敦一家百货商店的老板哈斯维尔，每晚用两只毒蜘蛛替他守店，说来也妙，这种毒蜘蛛把门，盗贼纷纷逃循。几年来，该店从未丢失过任何东西。原来这种毒蜘蛛有两种致命的毒素，一旦被它刺中，轻者剧痛难忍，长期不愈；重者会死亡。

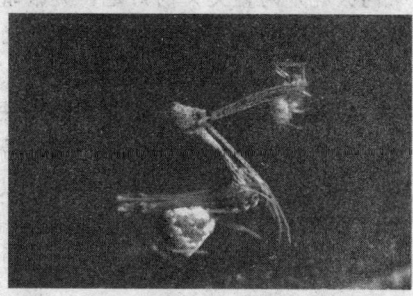
◆雄性"安娜彼斯图拉蜘蛛"

【与植物合谋吃人的蜘蛛】

在南美洲亚马逊河流域的一些森林或沼泽地带，成群地生活着一种毛蜘蛛。这种蜘蛛喜欢生活在日轮花附近。原来这种花又大又美丽，很能将一些不明真相的人吸引到它的身边。不论人碰触到它的花还是叶，它都将很快卷起枝叶卷将人缠住，并向毛蜘蛛发出信号，于是成群的毛蜘蛛就过来吃人了，吃剩的骨头和

动物的交流艺术

## 禽言兽语真奇妙

肉，腐烂后就成了日轮花的肥料。

**【织渔网的蜘蛛】**

在巴布亚新几内亚，人们用来捕鱼的渔网是由蜘蛛织成的。人们只是把渔网的基底织好，然后将"半成品"挂在两棵树之间，再由蜘蛛去完成大部分织网工作。

### 点击——蜘蛛之最

**1. 最大的蜘蛛：亚马逊巨人食鸟蛛**

亚马逊巨人食鸟蛛的体型可以用天文数字来描述，其体型最长可达约30厘米，其中包括足部长度。雌性寿命最长达25年，体重最重可达半磅。它们可以轻易捕食和吞咽鸟类、老鼠等小型动物。

**2. 最致命的蜘蛛：巴西漫游蜘蛛**

它们可以释放出一种强力"神经毒素"，可导致神经失控、呼吸困难和剧烈疼痛。

**3. 最可爱的蜘蛛：蝇虎跳蛛**

蝇虎跳蛛共长有8只眼睛，其中头部正中两只就是两盏大大的灯泡，大眼睛底下是两颗亮闪闪的毒牙。它们一次跳出的距离甚至比它们身长的50倍还要长。

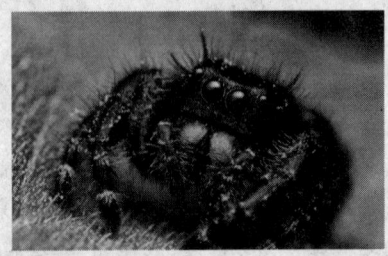

◆蝇虎跳蛛

**4. 最卑鄙的蜘蛛：黑脚蚂蚁蜘蛛**

它们都懂得把自己伪装起来，看上去就像是一只蚂蚁。通过这种伪装就可以有效地逃避其他捕食者的威胁。黑脚蚂蚁蜘蛛不仅仅可以把自己装扮得很像蚂蚁，而且其行为也模仿得很像。

**5. 最虚荣的蜘蛛：孔雀蜘蛛**

雄性孔雀蜘蛛往往会利用其艳丽的色彩和条纹来吸引异性，寻找"女朋友"。为了能够找到交尾对象，雄性孔雀蜘蛛会故意在雌性孔雀蜘蛛面前挠手弄姿，展示其美丽的

◆孔雀蜘蛛

我来做，你来猜——行为交流

腹部，并不断左右摇摆，就好像孔雀开屏一样。

### 6. 最适合当作宠物的蜘蛛：智利火玫瑰

这种蜘蛛体型中等，魅力诱人，而且容易养活，最适合当作宠物。在许多宠物商店，都有这种蜘蛛出售，而且价格不贵。智利火玫瑰性情温顺，很少主动攻击别人，除非是它们感觉受到了威胁。

### 7. 最勤奋的蜘蛛：金色圆蛛

它们可以织出巨型、复杂的金黄色蛛网，而且它们每天都会在原有的蛛网上忙忙碌碌。由于它们织出的蛛网可能会随时失去粘性，因此它们每天都在不断地修补以保持蛛网处于最佳的捕捉状态。金色圆蛛织出的网最大直径约0.9米，看起来就像是一个巨大的车轮。它们的蛛丝强度往往令人难以置信，完全可以与钢丝或凯芙拉纤维的强度相比，甚至比钢丝更有韧性，可以拉长两倍而不断。在阳光下，蛛丝呈现金黄色，而且还会闪闪发光。科学家们认为，这种光芒可以用来吸引昆虫。而在阴暗的角落里，蛛丝则呈现暗黄色，这样又可以用作伪装，防御敌人。

◆金色圆蛛

动物的交流艺术

禽言兽语真奇妙

# 赢的就是智慧
## ——狐狸的化学武器

狡猾的狐狸曾经从经不住夸奖的乌鸦口中骗到了鲜肉，那么当狐狸遇到实在又满身武装的刺猬时，会发生什么呢？

我们一起来看看吧！

动物的交流艺术

◆全身武装的刺猬

## 狐狸的特征

一般所说的狐狸，又叫红狐、赤狐和草狐。它尖嘴大耳，长身短腿，身后拖着一条长长的大尾巴，全身棕红色，耳背黑色，尾尖白色，尾巴基部有个小孔，能放出一种刺鼻的臭气。

◆单独生活的狐狸

狐狸生活在森林、草原、半沙漠、丘陵地带，居住于树洞或土穴中，傍晚外出觅食，到天亮才回家。由于它的嗅觉和听觉极好，加上行动敏捷，所以能捕食各种老鼠、野兔、小鸟、鱼、蛙、蜥蜴、昆虫和蠕虫等，也食一些野果。

狐狸平时单独生活，生殖时才集小群。每年2～5月产仔，一般每胎

我来做，你来猜——行为交流

3～6只。它的警惕性很高，如果谁发现了它窝里的小狐，它会在当天晚上"搬家"，以防不测。

### 知识窗
#### 狐狸的习性
狐狸是肉食性动物，主要以鼠类、鱼、蛙、蚌、虾、蟹、蚯蚓、鸟类及其卵、昆虫以及健康动物的尸体为食。

### 小知识
#### 狐狸的眼睛
狐狸的眼睛有特殊晶点，能聚集微弱光线，集合反射，所以会闪闪发光。

### 点击——狡猾的狐狸

一般情况，狐狸不怕猎犬，速度快，小巧灵活，一只猎犬根本逮不着它。冬季河面结薄冰，它们甚至知道设计诱猎犬落水。

看到有猎人设陷阱的话，会悄悄跟在猎人后面，看到对方设好陷阱离开后，就到陷阱旁边留下可以被同伴知晓的恶臭作为警示。看到河里有鸭子，会故意抛些草入水，当鸭子习以为常后，它就偷偷衔着大把枯草做掩护，潜下水伺机捕食。

◆狐狸

动物的交流艺术

## 刺猬简介

我们的另一位主角刺猬，又名刺球。体背和体侧满布棘刺，头、尾和腹面被毛；吻尖而长，尾短；前后足均具5趾，蹠行，少数种类前足4趾；齿36～44颗，均具尖锐齿尖，适于食虫；受惊时，全身棘刺竖立，卷成如刺球状，头和4足均不可见。分布于亚洲、欧洲、非洲的森林、草原和荒漠地带。

◆长鼻子的刺猬

普通刺猬栖山地森林、草原、农田、灌丛等，昼伏夜出，取食各种小动物，兼食植物，有时危害瓜果。刺猬会进行冬眠。冬眠是休眠现象的一种，是动物对冬季不利的外界环境条件（如寒冷和食物不足）的一种适应。主要表现为不活动，心跳缓慢，体温下降和陷入昏睡状态。

◆可爱的刺猬

刺猬除肚子外全身长有硬刺，当它遇到危险时会圈成一团变成有刺的球，它的形态和温顺的性格非常可爱，有些品种只比手掌略大，因而在澳大利亚有人将它当宠物来养。

刺猬住在灌木丛内，会游泳，怕热。刺猬在秋末开始冬眠，直到第二年春季，气温回暖到一定程度才醒来。刺猬喜欢打呼噜，其声音和人的呼噜声相似。

刺猬有非常长的鼻子，它的触觉与嗅觉很发达。它最喜爱的食物是蚂蚁与白蚁，当它嗅到地下的食物时，它会用爪挖出洞口，然后将它的长而粘的舌头伸进洞内一转，即获得丰盛的一餐。

我来做，你来猜——行为交流

## 刺猬与狐狸斗智

那么当狡猾的狐狸遇到机灵的刺猬时会发生什么呢？

刺猬的肉是非常鲜美的，常常激起狐狸的食欲；但刺猬身上长满尖棘利刺，不好对付。狡猾的狐狸会设法进行挑逗，让刺猬伸出脖子时突然一咬，有时能见效。可刺猬也不轻易上当，先把头缩进去，全身形成刺团顽强抵御。刺猬虽有护身法宝，但到底敌不过狡猾的老狐狸。狐狸把屁股对准缩进去的刺猬头，放出一股臭屁，刺猬吸进后便会昏倒过去，伸出颈项。由于狐狸使用了"化学武器"，终于能战胜对手，饱吃一餐。

◆志在必得的狐狸

知识窗

### 狐狸的巢穴

狐狸的巢穴通常是强行从兔子等弱小的动物那里抢来的，有许多入口，越里面越迂回曲折。

动物的交流艺术

## 禽言兽语真奇妙

# 手到擒来的美味
## ——萤火虫的秘密武器

在黑夜中一闪一闪的萤火虫，成为了我们儿时的乐趣；傻乎乎背着重壳的蜗牛，也为我们的童年增添了不少趣事。可是你知道萤火虫竟然是蜗牛的天敌吗？下面就让我们进一步从科学的角度来了解它们吧！

◆一闪一闪亮晶晶——萤火虫

## 萤火虫简介

萤火虫夜间活动，卵、幼虫和蛹往往也能发光，成虫的发光有引诱异性的作用。幼虫捕食蜗牛和小昆虫，喜栖于潮湿温暖、草木繁盛的地方。成虫仅仅进食一些露水或花粉等。科学家研究表明，也有一种萤火虫，是靠吃掉雄性萤火虫来繁衍并且保护后代生存的。这种"致命情人"目前还没有在中国发现，它们大多生活在北美洲。它们不像中国的萤火虫成虫那样，一生

◆致命情人——萤火虫

我来做，你来猜——行为交流

不取食，或者仅仅食用花粉及露水等，它们是标准的捕食昆虫。这种萤火虫可通过模仿其他种类萤火虫的雌性闪光来"引诱"雄性，等雄性萤火虫以为自己的求爱得到应答，赶来幽会时，就会被对方吃掉。

全世界萤火虫有2000多种，大多于夏季在河边，池边，农田出现，活动范围一般不会离开水源。

◆发光的萤火虫

## 蜗牛简介

在蜗牛的小触角中间往下一点儿的地方有一个小洞，这就是它的嘴巴，里面有一条锯齿状的舌头，科学家们称之为"齿舌"。

蜗牛一般生活在比较潮湿的地方，在植物丛中躲避太阳直晒。在寒冷地区生活的蜗牛会冬眠，在热带生活的蜗牛种类旱季也会休眠，休眠时分泌出的黏液形成一层干膜封闭壳口，全身藏在壳中，当气温和湿度合适时就会出来活动。

◆来自旷古遥远年代的蜗牛

蜗牛是陆生贝壳类软体动物，从旷古遥远的年代开始，蜗牛就已经生活在地球上。蜗牛的种类很多，有2.5万多种，遍及世界各地，仅我国便有数千种。大多数蜗牛均有毒，不可食用，我国有食用价值的约11种。

一般蜗牛寿命可以活2~3年，最长可达7年，但大部分蜗牛可能当年就成为其他动物的食物。

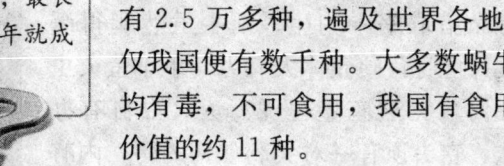

动物的交流艺术

"科学就在你身边"系列

## 禽言兽语真奇妙

### 知 识 窗

#### 蜗牛的牙齿

蜗牛是世界上牙齿最多的动物。虽然它的嘴大小和针尖差不多，却有2.56万颗牙齿。

### 知识拓展——蜗牛的营养价值

蜗牛在国际上享有"软黄金"美誉。它的肉嫩味美，营养丰富。据测定，每500克蜗牛肉中含蛋白质90克及氨基酸、维生素、钙、铁、铜、磷等多种人体所需要的营养素，是一种高蛋白、低脂肪食品。

◆营养丰富的蜗牛

## 萤火虫捕食蜗牛

大家知道，蜗牛肉是一种富有营养的美味食品，不仅人们把它当佳肴，其他动物也垂涎欲滴。萤火虫爱荤食，常常靠猎取蜗牛为生。蜗牛虽然爬得缓慢，但身背硬壳体大有力，小小萤火虫如何攻克这座堡垒呢？萤火虫自有办法，它头顶有一对尖利如钩的腭，内有细槽，只要在靠近蜗牛时轻轻啄几下，

◆有秘密武器的萤火虫

## 我来做，你来猜——行为交流

蜗牛就会失去知觉，不能动弹。原来萤火虫已向蜗牛注射了一种麻痹药。但是新鲜的蜗牛肉富有弹性，萤火虫咬不动，于是它再使一招：加啄几下，注射另一种液体，使蜗牛肉变成牛奶似的流质。这样，萤火虫就可以用吸管似的嘴，大吸大喝了。

> 蜗牛排泄是在靠近呼吸孔的地方排泄的，叫气孔。它会把粪便排在自己的身上。

动物的交流艺术

禽言兽语真奇妙

动物的交流艺术

# 蟹足为何一大一小
## ——蟹的断肢自救

儿时，螃蟹是我们夏天的玩伴儿。螃蟹，也是我们盘中的美餐，我们吃螃蟹的时候，常会发现蟹足一大一小，生得很不一样，这是品种不同，还是先天畸形？

让我们一起来看看吧！

◆蟹足一大一小

## 蟹的形态特征

蟹的身体分为头胸部与腹部。头胸部的背面覆以头胸甲，形状因品种不同而不一样。额部中央具第1、2对触角，外侧是有柄的复眼。口器包括1对大颚、2对小颚和3对颚足。头胸甲两侧有5对胸足。腹部退化，扁平，曲折在头胸部的腹面。雄性腹部窄长，多呈三角形，只有前两对附肢变形为交接器；雌性腹部宽阔，第2～5节各具1对双枝型附肢，密布刚毛，用以抱卵。

◆横行的蟹

我来做，你来猜——行为交流

## 蟹的生活习性

蟹通常以步行或爬行的方式移动。普通螃蟹的横行步态为人们所熟悉，亦为多数蟹类的特征。梭子蟹科的种类及其他一些类型，用扁平桨状的附肢游泳，动作灵巧。

多数蟹为海生，以热带浅海种类最多。与许多其他甲壳动物一样，蟹类通常为杂食性，多食腐物。蟹类绝大部分为植食性，有些蟹类是肉食性，如梭子蟹可捕食鱼、虾及软体动物等。少数蟹类如股窗蟹则刮食或滤食藻类及有机碎屑。

◆杂食性的蟹

与大部分甲壳动物一样，几乎所有蟹类的幼体刚从卵中孵出时外形与成体完全不同。幼体称为水蚤状幼虫，体微小，透明，圆形，无肢体，于海面上游

◆蟹多数为海生

泳。蜕皮数次后体型增大，称为大眼幼体，身体及肢体更像蟹，但腹部大，并不折叠于胸部下方。再脱皮一次后外形方似成体。

知识窗

**蟹的美味**

金秋时节，持蟹斗酒，赏菊吟诗这是人们一大享受。可见蟹是公认的食中珍味，有"一盘蟹，顶桌菜"的民谚。它不但味奇美，而且营养丰富，是一种高蛋白的补品，对滋补身体很有益处。

动物的交流艺术

## 禽言兽语真奇妙

### 知识拓展——寄生蟹

虽然可能并不存在真正的寄生蟹类，有些蟹与其他动物共生。如豆蟹科的豌豆蟹生活于蚌类及许多其他软体动物的壳内、蠕虫管内及棘皮动物的体内，分享寄主的食物。

歪尾派的种类是著名的寄居蟹，生活于空的腹足类动物的壳内，寄居蟹将螺壳如可搬动的住宅一般拖着移动。寄居蟹身体长大后，一次次地放弃旧壳，另觅新壳。

一般说，蟹以鳃呼吸，鳃位于背甲侧下方的对鳃腔内，但真陆蟹的鳃腔扩大，形态亦有变化，功能如肺。

## 蟹的断肢自救

动物的断肢自救的现象，只要稍加留心就不难看到。当我们吃蟹的时候，常会发现蟹足一大一小，生得很不一样，这是品种不同，还是先天畸形？都不是，而是蟹在遇到比自己强大的敌人，蟹足被对方抓住而难以摆脱时，便自动让蟹足与身躯断离，用小恩小惠迷住敌人。这是使自己迅速脱身的一种办法。蟹是自然界的一种比较奇妙的动物，具有潜水艇、挖泥机和垃圾处理机的功能。它生理结构巧妙，再生能力特别强。10肢有预先长好的折断线，一旦在遇到意外危险时，只要把肌肉收缩一下，就可抛弃一节，而且在断

◆以鳃呼吸的蟹

**螃蟹文化**

篓子中放了一群螃蟹，不必盖上盖子，螃蟹是爬不出去的。因为只要有一只想往上爬，其他螃蟹便会纷纷攀附在它的身上，结果是把它拉下去，最后没有一只出得去。

动物的交流艺术

## 我来做，你来猜——行为交流

◆食中珍味——蟹　　　　　◆蟹

肢处连一滴血也不会流。

　　既能分身，就会再生恢复，这是一个规律。蟹属节肢动物，在它的步足基部有一个折点。这个折点会自动折断。蟹肢折断后，过几天又会长出新的小蟹肢。

动物的交流艺术

禽言兽语真奇妙

## 破釜沉舟自救法
## ——海参的忍痛割爱

甩足抛腿弃尾，不会威胁到一些动物的生命安全，因为它们丢弃的东西不是身上最主要的器官；但是也有一些动物，即使抛出要害部位也很不在乎。让我们来了解一下这位主角吧！

◆长满肉刺的海参

## 海参简介

海参，属海参纲，是生活在海边至8000米深的海洋软体动物，据今已有6亿多年的历史，海参以海底藻类和浮游生物为食。海参全身长满肉刺，广布于世界各海洋中。

### 海参的变色

海参体色可随环境变化而变化。生活在岩礁附近的海参，为棕色或淡蓝色；而居住在海藻、海草中的海参则为绿色。海参的这种体色变化，可以有效地躲过天敌的伤害。

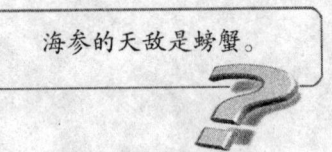

海参的天敌是螃蟹。

我来做，你来猜——行为交流

### 海参睡眠

当水温达到20℃时，海参就会转移到深海的岩礁暗处，潜藏于石底，背面朝下不吃不动，整个身子萎缩变硬，如石头般。一般动物不会吃掉它。海参一睡就是一个夏季，等到秋后才苏醒过来恢复活动。

### 海参预测天气

海参能预测天气，当风暴来临前，它会提前躲到石缝里。渔民利用这种现象来预测海上风暴的情况。

### 海参自溶

当海参离开水后在短时间内会自己融化掉，化作水状，溶解得无影无踪；海参在生长8年后，也会自溶在大海里。海参对周围的水环境要求很高，怕油怕脏，一滴油或一根头发就能让它溶化成水，仅此一点就知道海参是多么环保的食品。

◆能够溶化的海参

动物的交流艺术

知识窗

**海参珍品**

我国南海沿岸有20余种海参可供食用，海参同人参、燕窝、鱼翅齐名，是世界八大珍品之一。

## 海参破釜沉舟自救

海参以小生物为食，当海底生物多的时候，它过着吃饱喝足的日子。

## 禽言兽语真奇妙

◆善于伪装的海参

◆有强大自生能力的海参

海参靠肌肉伸缩爬行，移动极为缓慢，每小时仅能移动3米，比蜗牛还慢，所以善于伪装，体色和环境类似；如遇到外界威胁和敌人攻击不能逃脱时，它会收缩体内的环状肌肉，忍痛割爱，把又长又粘的肠子和内脏从肛门抛出，以此缠绕和迷惑对方，从而脱身。失去内脏后的海参，经过几个星期的生长，体内会重新长出内脏。只要水温和水质适宜，即使海参被切除一半或被天敌吃掉一半，它也可以在几个月后重新长出全部身体，但前提是剩下的一半必须有头部或肛门，因为它的生长细胞集中于这两个部位。

### 小知识

#### 海参的自生能力

将海参切为两段投放海里，经过3~8个月，每段又会生成一个完整的海参。有的海参还有自切本领，当条件适宜时，能将自身切为两段，以后每段又会长成一个完整的海参。

### 知识拓展——海参的营养价值

值得一提的是，海参是世界上少有的高蛋白、低脂肪、低糖、无胆固醇的营养保健食品。几亿年的历史衍变，底栖礁丛、趋利避害的生活习性，物竞天择、

我来做，你来猜——行为交流

◆营养价值丰富的海参

◆美味的海参

适者生存的生物进化法则，使海参体内积累了极其丰富的营养成分，形成了近乎完美、均衡合理的营养结构，自古就被人们所认识。祖国医学认为，药食同源。食用海参将成为现代人养生调理、滋容美体、延年益寿的首选。

动物的交流艺术

禽言兽语真奇妙

# 8字舞
## ——虾的求爱舞

虾,是我们都喜欢的美味。

可是你能从科学的角度描述虾的形态特征吗?你知道虾有什么药用价值吗?虾是怎样求偶的呢?下面让我们一起走入虾的世界吧!

◆跳"8"字舞的虾

## 虾的形态特征

虾,是一种生活在水中的长身动物,属节肢动物甲壳类,种类很多,俗称角爪。

全球有虾近2000种,包括青虾、河虾、草虾、小龙虾、对虾、明虾、基围虾、琵琶虾、龙虾等。

◆有扇子尾巴的虾

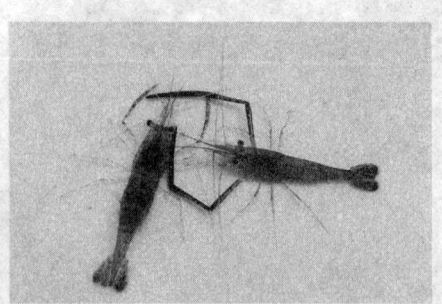

◆有细长触须的虾

## 我来做，你来猜——行为交流

虾壳中间有扁而有弹性的半透明的身体，侧扁、腹部可弯曲，并且有像扇子般的尾巴，可用来控制身体的平衡，也可以反弹后退。

虾有两倍于身体长的细长触须，用来感知周围的水体情况，胸部强大的肌肉有利于长途洄游。腹肢是游泳肢。海洋及淡水湖泊、溪流中都有。体长从数厘米到几毫米，平均4～8厘米。体型大者称为大虾，吃微小生物，有的吃腐肉。

### 知识窗

**虾的繁殖**

雌虾可产卵1.4万～1.5万粒，附在游泳肢上。在成体前要经过5个发育期。

## 虾的繁殖

每年3月，分散在各地的虾开始集中，成群结队地向北方游。经两个月的旅行到达渤海近岸浅海，开始了它们的繁殖，雌虾经过长途旅行已疲惫不堪，产完卵后大部分就死去了，只有体力较强的才能继续生存。刚孵出的小虾身体结构要发生很多变化，经过20多次蜕皮才长为成虾。雄虾当年成熟，雌虾要到第二年才成熟。

◆繁殖不易的虾

## 虾的游泳方式

虾游泳和鱼大不相同，鱼摆动尾鳍就可以向前游动了，而虾没有鱼那样的尾鳍，只有一个尾巴和许多小腿，那么它是怎样游泳的呢？虾也有它的"高招"。虾是游泳的能手，能用腿做长距离游泳。它游泳时那些游泳

## 禽言兽语真奇妙

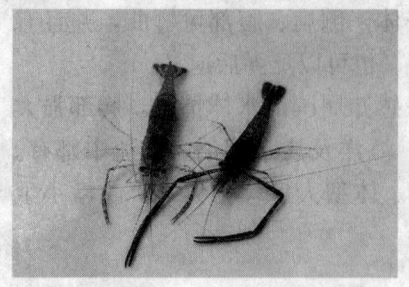

足像木桨一样频频整齐地向后划水，身体就徐徐向前运动了。

受惊吓时，它的腹部敏捷地屈伸，尾部向下前方划水，能连续向后跃动，速度十分快捷。也有的虾不善于游泳，大龙虾多数时间在海底的沙石上爬行。

◆游泳健将——虾

### 虾跳舞求爱

跳求爱舞是动物的一种恋爱方式。虾子求偶颇为有趣，雄龙虾见到雌龙虾时显得十分温柔可亲，围着对方旋转，用触须抚摸，然后开始跳舞。跳舞的过程是：雄龙虾缓缓地从雌龙虾的背后爬到前面，按"8"字形来回跳舞，大约重复15分钟后，就同往海底欢度蜜月。

许多种虾都为重要食物，并且具有超高的食疗价值，可用作中药材。

冬季，虾的活动能力很差，也不捕食。

动物的交流艺术

知识拓展——虾的营养价值

我国海域宽广、江河湖泊众多，盛产海虾和淡水虾。海虾是口味鲜美、营养

◆菜中"甘草"——虾

◆口味鲜美的虾

### 我来做，你来猜——行为交流

丰富，可制多种佳肴的海味，有菜中之"甘草"的美称。不管何种虾，都含有丰富的蛋白质，营养价值很高，其肉质和鱼一样松软，易消化，但又无腥味和骨刺。虾中含有丰富的镁，镁对心脏活动具有重要的调节作用，能很好地保护心血管系统，它可减少血液中胆固醇含量，防止动脉硬化，还能扩张冠状动脉，有利于预防高血压及心肌梗塞。海虾富含碘质，对人类的健康极有裨益。

动物的交流艺术

禽言兽语真奇妙

动物的交流艺术

# 笨拙却动人的舞姿
## ——鸵鸟的求爱舞

非洲有一种体型巨大、不会飞,但奔跑得很快的鸟——鸵鸟。你知道鸵鸟是怎么求爱的吗?让我们一起来看看吧!

◆体形巨大的鸵鸟

## 鸵鸟的形态特征

鸵鸟高可达3米,重达155千克,颈长几乎占身体长的一半,雌鸟稍小。头小,喙短而稍宽;眼大,褐色具浓黑色睫毛;脖子长裸,嘴扁平;翼短小,不能飞;腿长,脚有力,善于行走和奔跑。头和颈的大部分呈淡红至浅蓝色,稍有绒羽。雄鸟体羽大部呈黑色,但翅和尾羽白色;雌鸟大部褐色。生活在非洲的草原和沙漠地带。

### 知识窗

#### 鸵鸟的特征

鸵鸟特征为脖子长而无毛、头小、脚有二趾,是世界上存活着的最大的鸟。鸵鸟卵是世界上最大的卵。

我来做，你来猜——行为交流

## 鸵鸟的生活习性

鸵鸟平时三五成群，多达 20 余只栖息在一起。经常与羚羊、斑马在同一地区出没，这些动物利用鸵鸟所具有的敏锐眼力提供警告。

非洲鸵鸟的奔跑能力是十分惊人的，受惊时速度每小时可达 65 千米，可维持约 30 分钟而不感到累；一步可达 7 米，且可瞬间改变方向，在迅速奔跑时两翼张开，用以平衡。实在来不及逃跑时，会把脖子平贴在地面，伪装成岩石或灌木丛。它的足趾因适于奔跑而趋向减少，是世界上唯一只有两个脚趾的鸟类，而且外脚趾较小，内脚趾特别发达。它跳跃可腾空 2.5 米，一步可跨越 8 米，冲刺速度每小时在 70 千米以上。同时粗壮的双腿还是非洲鸵鸟的主要防卫武器，甚至可以置狮、豹于死地。

◆奔跑能力惊人的鸵鸟

◆头小眼大

动物的交流艺术

**小 知 识**

**鸵鸟如何消化食物？**

鸵鸟没有牙齿，却有着不寻常的胃，会大量吞食小石子，用来弄碎食物帮助消化，而石子会留在胃里不排泄。

## 禽言兽语真奇妙

### 点击——被误解的鸵鸟

鸵鸟在遇到危险时会将头埋在沙子中的说法，其实是人类的一种错误的理解。鸵鸟生活在炎热的沙漠地带，那里阳光照射强烈，从地面上升的热空气，与低空的冷空气相交，由于散射而出现闪闪发光的薄雾。平时鸵鸟总是伸长脖子透过薄雾去查看，而一旦受惊或发现敌情，它就干脆将潜望镜似的脖子平贴在地面，身体蜷曲一团，以自己暗褐色的羽毛伪装成石头或灌木丛，加上薄雾的掩护，就很难被敌人发现。另外，鸵鸟将头和脖子贴近地面，还有两个作用，一是可听到远处的声音，有利于及早避开危险；二是可以放松颈部的肌肉，更好地减少疲劳。事实上，并没有人真正看到过鸵鸟将头埋进沙子里去的情景，如果那样，沙子会把鸵鸟憋死的。

◆生活在非洲草原的鸵鸟

◆世界上存活着的最大的鸵鸟

动物的交流艺术

## 鸵鸟的采食

鸵鸟主要以植物为食，没有水也能生活很长时间。采集那些在沙漠中稀少而分散的食物，鸵鸟是相当有效率的采食者，这都要归功于它们开阔的步伐、长而灵活的脖子以及准确的啄食；鸵鸟的营养来源很广，食植物之叶、花、果实及种子等，也吃小动物，属于杂食性。鸵鸟啄食时，

◆群居的鸵鸟

我来做，你来猜——行为交流

先将食物聚集于食道上方，形成一个食球后，再缓慢地经过颈部食道将其吞下。由于鸵鸟啄食时必须将头部低下，很容易遭受掠食者的攻击，故觅食时不时地抬起头来四处张望。

**想一想议一议**

**鸵鸟孵化**

有时几只雌性鸵鸟的卵产在一起，孵化时雄性夜间，雌性白天轮流值班。它们还常用沙土和砾石将蛋覆盖，以保持一定的温度。在孵化末期，亲鸟会将一些蛋推滚到窝边缘，有利于同步孵化。

## 鸵鸟的求爱

雄鸵鸟互相争夺3～5只雌鸵鸟，发出吼叫和滋滋声。雄鸵鸟在繁殖季节会划分势力范围，当有其他雄性靠近时会利用翅膀将之驱离并大叫，它们的叫声宏亮而低沉。

鸵鸟在大多数时间的姿态是笨拙的，但它见到配偶时也会跳起求爱的舞蹈，忽前忽后，忽左忽右，忽疾忽缓地不断变化动作，虽然说不上什么优美舞姿和动人旋律，却也表现得利落轻快。

◆颈长约身体一半的鸵鸟

动物的交流艺术

禽言兽语真奇妙

# 蜂之舞
## ——蜜蜂传达蜜源信息的方式

动物的交流艺术

社会性动物成员间为了实现行为活动的协调，信息交流必不可少。蜜蜂是社会性比较发达的昆虫，其个体间的信息交流方式发展比较完善。蜜蜂的信息交流主要以"舞蹈"语言和信息素两种方式进行。下面我们主要介绍蜜蜂的"舞蹈"交流。蜜蜂舞蹈语言称之为蜂舞，是工蜂以一定方式摆动身体来表达某种信息的行为。最典型的蜂舞为圆舞、摆尾舞以及两者间过渡的新月舞，此外还有"呼呼"舞、报警舞、清洁舞、按摩舞等。且不同的舞蹈表达不同的信息。

◆以舞蹈为语言的蜜蜂

## 蜜蜂的舞蹈

蜂群中并不是所有蜜蜂都去寻找蜜源的。出巢寻找蜜源的蜜蜂只是蜂群中极少的一部分，我们称其为侦察蜂。侦察蜂在野外发现有采集价值的蜜源后，飞回巢内在垂直的巢脾表面用舞蹈的方式，将蜜源信息告知同巢蜜蜂。接受采集信息的工蜂自行出巢采集粉蜜。

随着蜜源与蜂箱距离由近及远的变化，蜂舞由圆舞经新月舞过渡到摆尾舞。在舞蹈过程中，

> 一个蜂巢平均有5万个蜂房，居住着3.5万只忙碌的蜜蜂。

"科学就在你身边"系列

## 我来做，你来猜——行为交流

有一部分蜜蜂跟随在舞蹈蜂后，用触角触摸舞蹈蜂。侦察蜂在舞蹈过程中有时会停下来，将蜜囊中采集回来的花蜜吐出，分给跟随其后的蜜蜂品尝。过不久，这些跟随舞蹈蜂的蜜蜂，就各自独立地飞向侦察蜂所指示的蜜源场地。

### 圆舞

舞蹈蜂在巢脾上用快而短的步伐，在范围狭小的圆圈跑步，并经常改变跑步方向，忽而转向左边绕圈，忽而转向右边绕圈。舞蹈时间持续1秒至数秒，然后

一只蜜蜂毛茸茸的身体上能粘住5万~75万粒花粉。

可能停下来或又在巢脾的其他地方开始舞蹈。跟随其后的蜜蜂随着该舞蹈蜂移动，并用触角伸向或接近它。

### 摆尾舞

舞蹈蜂在一边爬行一狭小的半圆后，急转弯呈直线向开始点爬去，再转向另一边爬另一个半圆，直行时伴随着腹部向两边摆动。蜜蜂在摆动中以250赫兹的低频率发出连续短音，其音量可能与蜜粉源距离有关。摆尾舞和新月舞能够表达蜜粉源的方向，而圆舞不表达方向。摆尾舞指示的蜜粉源方向，由摆腹前进的方向来表达。舞蹈蜂摆腹前进的方向与垂直向上的方向所形成的角度，就是蜜粉源方向与太阳方向所形成的角度。

▲采蜜的蜜蜂

### 新月舞

新月舞是圆舞向摆尾舞的过渡形式。蜜源距离增加时，舞蹈蜂摆尾次数增多，同时，新月形两端逐渐向彼此方移近，直至转变为摆尾舞。新月舞是由新月形弯曲部分的中点和新月形两端连线的中点所形成的一条想象

直线来指示蜜粉源方位的。

## 蜂舞传递哪些信息

蜂舞能准确全面地表达蜜粉源的方向、距离、种类、质量和数量。蜜蜂在舞蹈时发出的声音信号，有助于其追随蜂的移动，从而提供了与蜜源方向、距离等有关的关键信息。舞蹈蜂的追随者是根据生在左右对称的触角上的江氏器来感觉舞蹈蜂的相对位置的。与此同时，追随者振动巢脾向舞蹈蜂索取花蜜样品。舞蹈蜂的追随者接收舞蹈蜂的采集信息后，就分别独自去采集。侦察蜂用不同的舞蹈形式来表达蜜粉源与蜂巢的距离。圆舞不表达方向和距离，只是表明蜜粉源在蜂巢附近；如果蜜粉源距离蜂巢稍远，侦察蜂就跳一种新月舞；如果蜜粉源距离蜂巢更远，侦察蜂的舞蹈就改为摆尾舞。

◆爱吃蜂蜜的蜜蜂

不同蜂种对蜜粉源距离的表达有所不同：西方蜜蜂10米内为圆舞，10～100米为新月舞，超过100米为摆尾舞；东方蜜蜂2米内为圆舞，2～5米为新月舞，超过5米为摆尾舞。摆尾舞是通过单位时间内蜜蜂舞蹈调头摆腹前进的次数来表达蜜粉源距离的。距离蜜源越近，舞蹈蜂调头跑次数就越多。在15秒内，调头10次时指示的距离，西方蜜蜂为100米，东方蜜蜂为20米；调头8次时指示的距离，西方蜜蜂为200米，东方蜜蜂为80米。

蜜源种类信息通过两种途径传递，即侦察蜂在采集过程中身体绒毛所吸附的花朵特有的气味和采集携带归巢的花蜜或花粉的气味。蜜粉源距离蜂巢较近时，侦察蜂身体吸附蜜粉源花朵气味所起的作用更大；而蜜粉源距离蜂巢较远时，由于蜜蜂在较长距离的飞行中空气的冲刷，使身体绒毛吸附的气味被冲淡，所以侦察蜂蜜囊中花蜜气味对蜜粉源种类信息的传递就显得更重要。

我来做，你来猜——行为交流

蜜粉源质量和数量信息是靠侦察蜂的舞蹈积极程度来表达的。如果蜜粉源的花蜜浓度高、丰富、适口或花粉易采集，侦察蜂回到蜂巢就会不停地舞蹈，鼓动更多的蜜蜂出巢采集。第一批被鼓动采集的蜜蜂回巢后，也会兴奋地舞蹈。这样，最终能使全巢的采集蜂都集中采集这种蜜粉源。若外界蜜源花蜜含水量高、数量少、适口性差或花粉采集难度大，侦察蜂回巢后就减少舞蹈，甚至根本不舞蹈。

 小 知 识

### 蜜蜂是怎样分工的？

蜂王的任务是产卵，并且影响蜂巢内的工蜂的行为。雄蜂的任务是和处女蜂王交配后繁殖后代，雄蜂不参加酿造和采集生产。工蜂的任务主要是采集食物、哺育幼虫、泌蜡造脾、泌浆清巢、保巢攻敌等工作。

## 蜜蜂的其他舞蹈

### "呼呼"舞

"呼呼"舞是蜜蜂表达分蜂信息的舞蹈。分蜂开始前，蜂群内少数寻找到新巢的蜜蜂在巢脾上摆动腹部做"之"字穿行，同时振翅发声。因其舞蹈时，舞蹈蜂"呼呼"作响，故称之为"呼呼"舞。随着舞蹈的持续，越来越多的蜜蜂加入舞蹈，直至整个蜂群骚动起来开始分蜂。

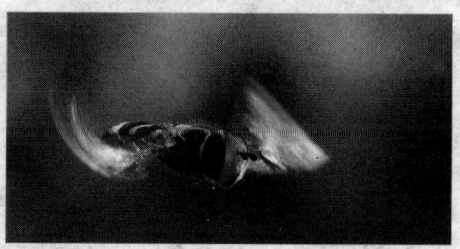

◆蜜蜂舞蹈

### 报警舞

报警舞是传递中毒信息的舞蹈。采集蜂因杀虫剂中毒或采集到有毒蜜粉源，回到巢内后，在巢脾上沿螺旋线或不规则"之"字形快速跑动，同

动物的交流艺术

## 禽言兽语真奇妙

时腹部剧烈地左右颤动。报警舞能阻止其他工蜂出巢采集。随着有毒花蜜在巢内扩散，参与舞蹈的蜜蜂增多，促使蜂群采集工作停止。

蜜蜂一生要经过卵、幼虫、蛹和成虫四个虫态。

### 清洁舞

清洁舞表达请求帮助清洁的信息。蜂体上附着灰尘、毛发等异物，感觉不适时，便进行清洁舞的一系列动作。蜜蜂舞蹈时，急速地踏动三对足，蜂体有节奏地左右摇摆和迅速上下移动，并用中足清理翅基。接收到该信息的工蜂就会提供帮助，用触角触摸求助工蜂，用上颚清理异物，此时，舞蹈蜂将停止舞蹈，安静地接受帮助。

### 按摩舞

按摩舞是帮助有问题的工蜂恢复的行为。出现问题的工蜂在巢脾上把头部垂下，旁边的工蜂用触角和上颚进行触摸，拉扯中足和后足，并清理触角。按摩舞多发生于夏秋季节，早春将受冻的蜜蜂放在巢门前时，也会出现按摩舞行为。

### 知识拓展——雄蜂是怎样产生精子的？

蜂群由蜂王、雄蜂和工蜂组成，其中蜂王和工蜂是由受精卵发育而来的，雄蜂是由未受精的卵细胞发育而来的。蜂王和工蜂是二倍体，雄蜂是单倍体。单倍体雄蜂是怎样产生精子的呢？雄蜂在产生精子的过程中，它的精母细胞进行的是一种特殊形式的减数分裂。减数第1次分裂中，染色体数目并没有变化，只是细胞质分成大小不等的两部分。大的那部分含有完整

◆有明确分工的蜜蜂

## 我来做，你来猜——行为交流

的细胞核，小的那部分只是一团细胞质，一段时间后将退化消失。减数第2次分裂，则是1次普通的有丝分裂：在含有细胞核的那团细胞质中，染色单体相互分开，而细胞质则进行不均等分裂，含细胞质多的那部分（含16条染色体）进一步发育成精子，含细胞质少的那部分（也含16条染色体）则逐步退化。雄蜂的1个精母细胞，通过这种减数分裂，只产生1个精子，精母细胞和精子都是单倍体细胞。这种特殊的减数分裂称为"假减数分裂"。

◆勤劳的蜜蜂

动物的交流艺术

禽言兽语真奇妙

## 物质引诱
### ——雄猴、燕鸥、雄蟹求偶

动物求偶千奇百怪，有的通过歌声求偶，有的通过精心打扮使自己得到青睐，有的通过献殷勤来获得好感，有的通过武力取胜来获得配偶等等。下面介绍的几种动物是用物质引诱来求偶的。

◆品味丰厚的聘礼

动物的交流艺术

## 雄猴求偶

猴是一个俗称。灵长目中很多动物我们都称之为猴。它们是动物界最高等的类群，大脑发达；眼眶朝向前方，眶间距窄；手和脚的指分开，大拇指灵活，多数能与其他指对握。

绝大多数灵长类动物营不同形式的树栖或半树栖生活，只有环尾狐猴、狒狒和叟猴地栖或在多岩石地区生活。通

◆ 猴子吃东西

常以小家族群活动，也集大群活动。多数能直立行走，但时间不长。多在白天活动，夜间活动的有指猴、一些大狐猴、夜猴等。大倭狐猴和倭狐猴在干热季节夏眠数日至数周。

猴子大多为杂食性，吃植物性或动物性食物。选择食物和取食方法各

· 144 ·　　　　　　　　　　"科学就在你身边"系列

## 我来做，你来猜——行为交流

异，如指猴善于抠食树洞或石隙中的昆虫。猩猩的食量很大，几乎把绝大部分的活动时间用以觅食。疣猴科胃的构造特殊，大部分种类吃粗纤维多的植物性食物。

猴子每年繁殖1～2次，每胎1仔，少数可多到3仔。幼体生长比较缓慢。哺乳期多抓爬在母体胸、腹部或骑在母背上，由母猴带着活动。性成熟的雌性有月经，雄性能在任何时间交配。只有低等猴类，如狐猴、懒猴、指猴具有一定的交配、繁殖季节。

◆在玩耍的幼猴

雄猴在"求婚"之前为了博得雌猴的欢心，总要百般殷勤地献上野果作为聘礼。若"女方"接受爱情，便会含情脉脉地吃起送来的聘礼。此时，雄猴则身前身后欢天喜地地跑来跑去。为此科学家还做了一个实验。

笼子里关着一只公猴和一只母猴，已经狠狠地饿了它们一段时间。这当然比较残忍了，但要观察在饥饿状态下的各种反应，和突然进食以后身体各种机能的改变，还有试验某种新型药物的效果，都只有在极端情况下，从动物身上取得第一手的资料。有人会说，挨饿的人多得很，还不如在人身上试验呢！那是杀人。日军731部队就是那种魔王，当时也有科学家参与了这一卑鄙行径，就是残忍地想获取人体数据。实验人员来了，把可怜的一点面包屑洒在地上，两只猴就上来抢。猴子是灵长类的动物，不愧万灵之长，立即判断出，这点东西要想让双方都填满肚子，绝对不够，最多只能让一只猴吃个半饱。雄猴力量大，当然比较占优势，它用身子霸占了所有洒了面包屑的领地，开始贪婪地吞吃。雌猴一看，形势对自己极为不利，大部分食物，失之交臂。它略略思索了一下，也就几秒钟吧，你很难说它在这段时间里进行了复杂的权衡，至多是查阅了大脑里的潜意识记录，瞧瞧无数同性祖先在遇到这种境况时的应对措施。

一种血液中遗传的法则，开始指挥它的行为。它放弃了正面与雄猴竞争面包屑的努

> 猴子有较长的童年，有时长达三年。

## 禽言兽语真奇妙

力,连自己原有的地盘也弃之不顾,悠然地踱步到一边去了。雄猴很高兴,它安心了,自己可以没有后顾之忧地吃个痛快。

雄猴又老又丑,雌猴正是青春年少。刚把它们两个关在一起的时候,雄猴流露过求偶的意思,但是雌猴根本就不答理它,保持十分骄傲的神态。它心里也许在想,哼,还想做我孩子的父亲,你老得足可做祖父了。雄猴便讪讪地知难而退。但面包屑使形势发生了微妙变化。雌猴从一旁绕到雄猴的正前方,笼子比较小,它几乎要贴到雄猴身上了。雄猴依然全神贯注地盯着它的面包屑,预备美餐一顿。它突然从香喷喷的面包味里,嗅到了一种奇异的撩拨气味,鼻翼猛烈地抽动起来,一种久违了的疯狂开始激荡……那只一直很鄙视它的母猴,背转着身,自动露出红红的臀部,为了吸引雄猴的注意,它还轻轻地晃动着身体。由于本能,在危险中生活的动物,对移动的物体,更易倾泻注意力。雄猴血糖还没低到昏厥的地步,立刻从面包屑上挺起身,被雌猴所吸引,奋勇扑去,开始了交配。雌猴慢慢地运动身躯,将自己的位置调整到既可以满足雄猴的性交要求,又可以比较从容地收获地上的面包屑……它镇定地拖延着性活动的时间,以最大限度地填满自己的肚子。

## 燕鸥求偶

燕鸥栖于海岸和内陆水域,几乎遍布全球,但大部分见于太平洋。许多燕鸥作长距离迁飞,最有名的是北极燕鸥;北极燕鸥在南极区越冬,在北极区繁殖,

> 燕鸥是海鸥中的一种,因与家燕的尾型相似而得名。

因此为所有鸟类中每年迁飞距离最远者。北极燕鸥不仅飞行能力非凡,而且争强好斗,勇猛无比,聚集成群更是如虎添翼。甚至北极的霸主北极熊在北极燕鸥群的面前,也经常畏缩不前,望而却步。燕鸥体长约20～55厘米(8～22英寸);与鸥比较,则体较瘦,腿较短,翅较长。羽毛白到黑色,以及白色到几乎全黑。许多种类的喙为黑、红或黄色,脚为红或黑色。多数种类有长而尖的翅、叉形尾和锐尖喙。

燕鸥有时吃昆虫,但主要靠从空中潜入水中捕甲壳动物和小鱼为食。

我来做，你来猜——行为交流

喜群栖，常成群在岛屿的地面筑巢，有时数百万只形成繁殖群落。大多数种类产2~3枚卵，少数仅产1枚；在有些地方，人们收集其卵为食物。

燕鸥在求婚之前，雄燕鸥常叼着一条新鲜鱼轻轻地放在雌燕鸥身旁，若雌燕鸥转过头来，雄燕鸥就主动靠近。待"女方"收下这份礼物后，便比翼双飞，结下了不解之缘。

◆燕鸥

### 小知识

**怎样区别燕鸥？**

燕鸥是海鸥中的一种。一般海鸥可分为两类：尾巴圆形的一类为鸥，而尾巴叉形像剪刀的一类则为燕鸥。鸥类以死鱼虾为食，取食行为类似于秃鹫；而燕鸥则以活鱼虾为食。它们都是优秀的飞行家，脚上长着蹼和防水的羽毛。

## 雄蟹求偶

螃蟹是甲壳类动物，它们的身体被硬壳保护着。螃蟹靠鳃呼吸。在生物分类学上，螃蟹与虾子、龙虾、寄居蟹算是同类的动物。绝大多数种类的螃蟹生活在海里或靠近海洋，当然也有一些螃蟹栖于淡水或住在陆地。它们靠母蟹来生小螃蟹，每次母蟹都会产很多的卵，数量可达数百万粒以上。螃蟹经过几

◆粗腿绿眼招潮蟹

动物的交流艺术

## 禽言兽语真奇妙

螃蟹是依靠地磁场来判断方向的。

次退壳后，长成大眼幼虫，大眼幼虫再经几次退壳长成幼蟹，幼蟹外形几乎与成蟹相同，再经过几次退壳后就变成蟹。

螃蟹大部分时间用于寻找食物。它们并不挑食，只要螯能够弄到的食物都可以吃。小鱼虾是它们的最爱，不过有些螃蟹吃海藻，甚至于连动物尸体或植物都能吃。

在繁殖季节，雄蟹先在退潮后的沙滩挖掘洞穴，布置安全舒适的"新房"。当雄蟹准备好"新房"后，就站在洞口等候"新娘"。雌蟹过来时，雄蟹就急忙挥舞蟹钳，跳起"举手舞"，以获得雌蟹的欢心，然后一起进入新房"成亲"。

### 点击——招潮蟹能定位回巢

在澳大利亚东北沿海的沙滩上栖息着数量众多的招潮蟹，这些看似平常的节肢动物却有着惊人的数学计算能力。最先发现这一现象的是澳大利亚国立大学的两位视觉生物学家乔郝·泽尔和简·赫米。招潮蟹的活动始终以它的洞穴为中心，当它爬出洞穴到外边行走时，常常将它的洞穴作为参照物。然而，洞穴附近经常淤积起一些潮水退去后形成的沙堆，招潮

◆屠氏招潮蟹

蟹会因视线被挡而看不见自己的洞穴。那么，招潮蟹如何回家呢？研究人员发现，招潮蟹回巢时不会像其他动物那样寻找路径上的标记，而是依赖于它大脑中天生具有的数学计算能力。招潮蟹每走一步，都会重新计算洞穴的位置、所走的步数和这些步子的方位。

*我来做，你来猜——行为交流*

# 武力取胜
## ——雄海豹、驼鹿求偶

在南极，每到海豹交配繁殖的季节，雄海豹们就会为争取配偶而残酷决斗，用牙齿进行撕咬，斗得鲜血淋漓，只有强者才配去占有雌海豹群（多者达20多头）。驼鹿的双雄角斗，景象也非常惨烈。两只雄驼鹿先后退十几米，然后凶猛地撞击，发出巨大的声响，不到一方殒命，另一方决不罢休。它们往往像西方的骑士那样，要在"美人"面前决一死战，胜者才能博得雌鹿群的"青睐"。

◆海豹

## 象海豹激烈的求偶大战

南象海豹和其他许多海洋生物一样，是真人不露相。它固然没有火辣身材，但在其肥厚的皮囊下，却藏着一位超级英雄，它的一生就是一系列伟大壮举。

单看外表，南象海豹是头蹩脚的怪物。它的身躯大得像轿车，形状又像飞艇，登岸后常懒洋洋地在海滩上东倒西歪。

◆凶猛的海豹

动物的交流艺术

## 禽言兽语真奇妙

动物的交流艺术

对于人类来说，南乔治亚岛是个自然环境极为严酷的去处。然而对于有80%的时间都在这片水域猎食的海豹来说，南乔治亚岛却是理想的聚集地。交配季节到来时，约有40万头南象海豹排布在该岛海岸沿线。

聚会从9月中旬开始，一批雄性海豹首先到达，拖着沉重的身躯爬上石块遍布的海岸，然后几乎马上就展开争斗。这可不是小打小闹，而是一场场血腥之战，有的海豹会在战斗中被撕破鼻子，皮开肉绽，脱落的眼珠掉在地面上。胜败的赌注是很高的：只有三分之一的雄性海豹能赢得传宗接代的机会，这个数目显然太少——它们体内都涌动着睾丸素，个个都急切地想将自己的基因传递下去。体型的大小在此无疑是个重要因素。雄性海豹可重达4吨，最庞大的雄性往往处于支配地位。在划分势力范围的战争中，象海豹还要起劲地展示那条不可理喻的长鼻子，以之咆哮、喷气，总而言之就是用来显摆的。

科学家将获胜的雄性海豹称作"海滩老大"——每个胜利者都将主宰一群雌性海豹，群体的规模不尽相同，最小的只有20头，大些的有300头，而在最夸张的情况下可达到1000余头。10月初，当雌海豹如期而至并安顿下来，它们要做的第一件事就是生

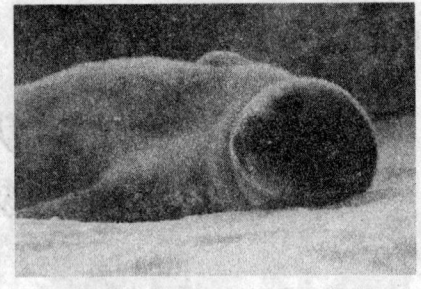
◆悠闲自在的小海豹

◆可怜小海豹

◆妩媚的海豹

我来做，你来猜——行为交流

儿育女，哺养后代。

接着，在小海豹出生约3个星期后，雌海豹将再度交配，而"沙滩老大"们的职责之一便是保护自己的妻妾，以免被前来劫色的雄性竞争者盯上。在大一些的雌海豹群边缘，有少数屈居亚军的雄海豹也能蹭得一席之地，但大量的战败者都被排除在界线之外，它们气急败坏，这意味着会发生更多的战争。

◆海豹爸爸和小海豹

11月底，聚会逐渐落幕。成年象海豹由于在这段时期不曾进食，体重可降至原来的一半。同时，幼海豹在有妈妈丰沛乳汁喂养的3周内，体重每天增加4.5千克。雌海豹准备返回大海时会再度交配，然后立刻让幼海豹断奶，留下它自力更生。随后，雌海豹将怀着新生命离开这里，并在来年重返同一片海滩，生下腹中的宝宝。

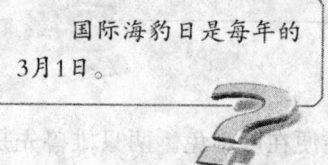

国际海豹日是每年的3月1日。

很快，雄海豹和幼海豹也将投入大海的怀抱——南象海豹在水下展露出的本领，足可令它们跻身地球上最完美地适应了生存环境的捕食者之列。离岸后，它们将展开一次全长近1.3万千米的旅程，潜水深度可达1500米，超过了大多数潜水艇的能力范围。连续数月，它们捕食鱿鱼和鱼类，寻找营养物质最多的水域，因为这种地方会引来食物链中的其他成员。南象海豹能在水中连续潜游两个小时之久，只需要到水面休息几分钟即可恢复状态。这全都得益于一些巧妙的生理机制，比如停止部分新陈代谢以节省氧气。象海豹全身流淌着大量富氧血液——它的血量占全身总体积的20%，这个比例几乎是人类的3倍。

## 驼鹿的求偶角斗

每年2～3月间雄兽角脱落，而后再长出新角。初生的角内部充满血，外表皮茸柔软，7月后逐渐骨化。到8月份，角完全长好了，雄驼鹿主要靠它来与同类争夺异性。从8月下旬开始发情，追逐旺季在9月中旬，于

## 禽言兽语真奇妙

10月结束。一般雌兽比雄兽晚1周左右发情。发情的雄兽异常兴奋,毛被蓬松,角膜充血,多在早晨和黄昏发出吼叫,经常在树干上磨角,将树皮擦掉,使树干上留下许多坑痕;有时还用角豁地,翻起10多厘米高的泥土。这时雄驼鹿嗅觉也格外灵敏,能够在3千米外根据气味得知雌兽的存在,并且立即心急火燎地赶去,挥舞头角,发出一阵阵向雌兽求爱的"噢噢"叫声,或者像牛叫一样的"哞哞"的鼻声,雌兽的叫声则比较低沉。当雌兽排尿时,雄兽立即前去舔食或闻味,偶尔也随着雌兽一起排尿。如果当时有其他的雄兽同时向雌兽靠拢,就会互相用巨大的角去拦阻,并大声咆哮,于是一场激烈而壮观的格斗便在所难免。两只雄兽先是彼此虎视眈眈,继而用巨大的角猛烈地向"情敌"出击,发出"劈啪劈啪"的击角声。在一般情况下,当一方被击败后,就会知趣地离开,但有时双方势均力敌,难免使其中一方受到伤害。如果这种角击经久不息,使双方巨大而复杂的角像绞链一样扭在一起无法脱离,时间一长,还可能会由于饥饿和疲劳而同归于尽。雌兽选择获胜的雄兽进行交配,一般在林中的隐蔽处进行,时间非常短暂,从爬跨到交配完毕只需要几秒钟。交配之后就变得很安静,雄兽将颈部搭在雌兽的颈部上,不断地左右摩擦,显得格外亲近。与其他鹿类不同,一只获胜的雄兽一般仅与1~2只雌兽交配。雌兽的妊娠期为242~250天,一般在翌年5月末至7月初产仔,每胎产1仔,偶尔产2仔。临产之前,雌兽常常立卧不安,乳房明显膨大,常回过头来四处张望,然后在林中的僻静之处,直接将幼仔产在草地上,无需垫草,分娩的时间为30~40分钟。刚出生的幼仔的体长为70~82厘米,体重为10~12千克,体色棕黄;偶尔也有全身为白毛的,被称为"白驼鹿"

◆雄驼鹿

驼鹿是国家二级保护动物。

驼鹿是世界上最大的鹿科动物,雄性以掌形鹿角为特征。

动物的交流艺术

我来做，你来猜——行为交流

或"白化驼鹿"，十分珍稀，出生的比例大约为一万分之一。产仔后雌兽立即站立起来，为幼仔舔干身上的湿毛，幼仔也开始挣扎着站立起来，但又会摔倒下去，反复多次后，才能勉强站起。幼仔生长很快，尤其在最初的6个月内。10～14天之后开始跟随雌兽活动，1个月后开始吃草和嫩树叶，哺乳期大约为3个半月。1岁以后幼仔就能独立生活，3～4岁时达到性成熟。

 点击——海豹油的作用及成分

### 海豹油的作用

长期以来，世界医学界就发现生活在北极附近的爱斯基摩人，很少患有心脑血管、高血压和癌症等疾病。到了20世纪70年代，加拿大一些医学博士经研究得出结论，爱斯基摩人饮食主要是海豹油、海豹肉及鱼类等，由于这些食品中含有丰富的OMEGA-3不饱和脂肪酸，所以未导致他们罹患现代人的这些"文明病"。

### 海豹油的成分

海豹油是从海豹脂肪组织中提取的一种富含OMEGA-3不饱和脂肪酸的珍贵营养滋补品。海豹油中还含有大约20%～25%的OMEGA-3不饱和脂肪酸，其含量为自然界中动物之最。同时，在海豹油中还含有一定量的角鲨烯和维生素E。

禽言兽语真奇妙

# 别具一格的求爱
## ——大象的求爱方式

象属于哺乳纲，长鼻目，象科，是世界现存最大的陆栖动物。其主要外部特征为柔韧而肌肉发达的长鼻和扇般的大耳朵，象鼻具缠卷的功能，是象自卫和取食的有力工具。

你想知道庞大的象是怎样求爱的吗？我们一起来看看！

◆现存世界最大的陆栖动物——大象

## 象的种类

长鼻目仅有象科1科共2属2种，即亚洲象和非洲象。亚洲象历史上曾广布于中国长江以南的南亚和东南亚地区，现分布范围已缩小，主要产于印度、泰国、柬埔寨、越南等国。中国云南省西双版纳地区也有小的野生种群。非洲象则广泛分布于整个非洲大陆，喜欢群居。

> 象牙一直被作为名贵的雕刻材料，价格昂贵，故象遭到大肆滥捕，数量急剧下降。

动物的交流艺术

· 154 ·　　"科学就在你身边"系列

我来做，你来猜——行为交流

## 象的形态特征

象肩高约2米，体重3～7吨。头大，耳大如扇。四肢粗大如圆柱，支持巨大身体，膝关节不能自由屈曲。鼻长几乎与体长相等，呈圆筒状，伸屈自如；鼻孔开口在末端，鼻尖有指状突起，能拣拾细物。上颌具1对发达门齿，终生生长，非洲象门齿可长达3.3米，亚洲象雌性长牙不外露；上、下颌每侧均具6个颊齿，自前向后依次生长，具高齿冠，结构复杂。每足5趾，但第1、第5趾发育不全。被毛稀疏，体色呈浅灰褐色。

◆耳大如扇，肢大如柱的大象

## 象的繁殖

雄象睾丸隐于腹腔内；雌象前腿后有2个乳头，妊娠期长达600多天，一般每胎1仔。非洲象长鼻末端有2个指状突起，亚洲象仅具1个；非洲象耳大，体型较大，亚洲象耳小，身体较小，体重较轻。

## 象的生活习性

象栖息于多种生境，尤喜丛林、草原和河谷地带。象是群居性动物，以家族为单位，由雌象做首领，每天活动时间、行动路线、觅食地点、栖息场所等均由雌象指挥。而成年雄象只承担保卫家庭安全的责任。有时几个象群聚集起来，结成上百只大群。雄兽偶有独栖。

◆喜欢群居的大象

动物的交流艺术

禽言兽语真奇妙

以植物为食，食量极大，每日食量225千克以上。寿命约80年。有一些象已被人类驯养，视为家畜，可供骑乘或服劳役。

小知识

象的祖先

现代象是从始祖象进化而来的。据化石发现，始新世的始祖象仅吻部较长，体亦小。由始祖象次第演变成现代象。

## 象的求爱方式

大象的求爱方式别具一格，雌象会用甜言蜜语和物质进行刺激。每当大地回春的生殖期间，雌象便在森林深处用鼻子挖一个大坑，修建宽敞的新房，再摆设些从森林里采集来的佳果珍菜，然后以娇媚的神情躺在坑里，发出委婉动听的求爱之声。雄象理解这种"语言"，闻声赶来，钻进坑里，

◆ "妻管严"的大象

双方还会说些"甜言蜜语"，雄象用长鼻子在雌象身上来回抚摸，接着用鼻子互相纠缠，有时还把鼻尖塞到对方的嘴里，难舍难分。

想一想议一议

大象为什么害怕老鼠？

大象会害怕老鼠、小虫等小动物，是因为大象的体积庞大，器官的孔道相应也大，如果小动物不小心钻进去，大象会很难受，甚至会受到很大的刺激和伤害。

我来做，你来猜——行为交流

## 知识拓展——大象的记忆力

非洲大象能辨认其他100多头大象发出的叫声，哪怕是在分开几年之后。

它们之间联络的记忆也相当持久。当把一头已经死了两年的大象的声音播给它的家庭成员听时，它们仍然会回应而且走进声源。

◆有强大记忆力的大象

动物的交流艺术

"科学就在你身边"系列

禽言兽语真奇妙

动物的交流艺术

# 生死相依情侣鸟
## ——"爱情鸟"的感人故事

爱情鸟又名牡丹鹦鹉、爱情鹦鹉、情侣鹦鹉。此种爱情鸟生活在非洲的热带雨林,也就是情侣鹦鹉,其色彩艳丽,小巧可爱,被认为是鹦鹉中最可爱的一种。情侣鹦鹉是一种非常喜欢群居及深情亲切的鹦鹉。情侣鹦鹉因其深情的天性而得名。情侣鹦鹉伴侣间形影不离,相依相偎,而且都会厮守终生。因为情侣鹦鹉这个天性,德国人称情侣鹦鹉为

◆费氏情侣鹦鹉

"die Unzertrennlichen",而法国人则称它们为"les inseparables"(即英文中的"inseparables",意思是"不可分离")。亦正因为这样,大部分人强烈地认为,情侣鹦鹉必须是一对一对地饲养。有些人相信,情侣鹦鹉像其他的鹦鹉一样,只要得到足够的关心及照顾,情侣鹦鹉可以与人建立一个友伴关系。下面是一个真实的"爱情鸟"的感人故事。

## 成都市民发现受伤的小鸟

前年秋天,四川成都市的一对"爱情鸟"牵动了千万市民的心,也成为全国传媒的热点新闻。

成都一家幼儿园的一位员工,偶然在外墙角拾到一只浑身湿透

> 诺德曼青足鹬是一种濒危动物。分布于我国东南沿海各省的小青足鹬是国家二级保护动物。

"科学就在你身边"系列

我来做，你来猜——行为交流

◆诺德曼青足鹬一家

又带伤的小鸟儿。在园长的安排下，小鸟得到妥善护理，但它仍烦躁不安，泪水盈盈，一连几天都不肯进食。他们只好把鸟儿送到该市"鸟语林"求助。在这里，鸟类专业工作人员立即为鸟儿治好了重感冒，还查出了这尚未见过的鸟种来源。原来它是一只雄性诺德曼青足鹬，属稀有的迁徙飞禽类，目前在全球总数也不过数百只，是一种濒危动物。

## 小鸟为什么"伤心"

在"鸟语林"的科学护养下，这只鸟儿的病和伤都很快好了，但它仍不肯进食，打不起精神，眼眶里也总像饱含着泪水。两天后这谜底才揭开了。

一位市民又送来了一只折翅雌鸟，恰巧就是那只雄性鸟的同类。但没想到两鸟相见时竟那么兴奋，那么高兴，又是亲热相拥，又是唧唧啁啁，相互梳理羽毛，像久别重逢的亲人。那绝食数日的雄鸟也开始进食了，还显得一副馋相。

人们明白了，这是一对情侣鸟。同相思鸟、白头翁、丹顶鹤这类鸟一样，它们对伴侣感情专一，双方形影不离，终生厮守。估计这回迁徙途中遇上成都暴风雨天气，不幸受伤坠地。两只鸟儿见面后喜悦过去之后，似乎又双双陷入忧郁状态。很显然，是为雌鸟的折翅而伤感。

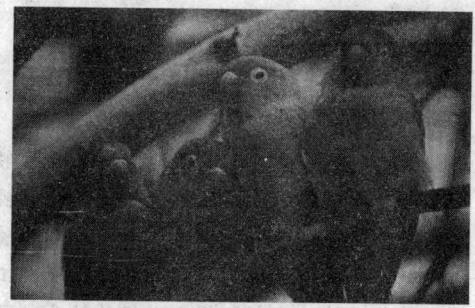

◆费氏情侣鹦鹉一家

学话最多的鸟是非洲灰鹦鹉，能学会800多个单词。

动物的交流艺术

## 禽言兽语真奇妙

### 拯救受伤的小鸟

"鸟语林"救护中心作出决定，要尽快为雌鸟做接骨手术。可是手术有难处。救护中心没有适合鸟类的接骨架，只有求助于市里各家医院和外地"鸟语林"。终于福州"鸟语林"传来好消息，不仅支援治疗设备和用药，还有鸟医专家亲自乘飞机前来相助。经过一个多小时的正规手术并装上了进口的塑料红外线"翅膀模型夹板"，这只雌鸟的康复有望了。

此时，"鸟语林"门外早已人头攒动，翘首等待着手术的消息。人们带着鲜花水果、小鱼小虾小昆虫，是专程来慰问医生和"伤员"的。他们为这对鸟的纯情所感动，为"鸟语林"的爱鸟护鸟的精神所感动，何况这又是一桩抢救濒危动物的实事。

**点击——情侣鹦鹉形态**

情侣鹦鹉是最细小的鹦鹉品种，长一般在15厘米左右，体重40～60克。身型矮胖且有一条短尾，喙红色，喙部相对较大，眼及蜡膜白色。头部黑褐色，颈部有赤黄色的环带。上胸浅绿色，背部和翼为绿色，翼端呈黑色，尾绿色，脚灰色。大部分情侣鹦鹉都是绿色的，由于人工配种及变种使很多的颜色出现。另有棕头牡丹鹦鹉，头部棕褐色，俗称棕头牡丹。

我来做，你来猜——行为交流

# 哆嗦出来的幸福
## ——棘鱼的哆嗦舞

棘鱼海生，体银白色，群栖于欧洲西部海域，可供世界各地渔类工业所需，特别适合制沙丁鱼罐头。可鲜食、油渍、盐腌或制成熏鱼。

对于这种为渔类工业作出贡献的棘鱼，你了解它求爱的舞蹈吗？让我们一起来关注吧！

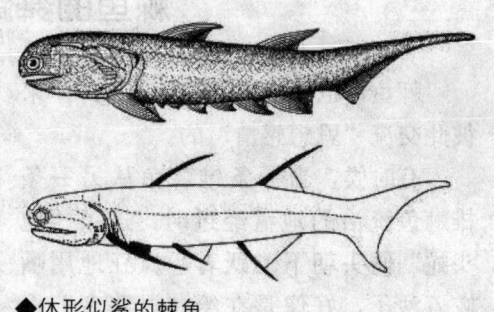

◆体形似鲨的棘鱼

## 棘鱼的形态特征

棘鱼的形体似鲨，歪形尾；胸、腹鳍发育完全，但鳍条不发育，在胸鳍和腹鳍之间有"额外"的偶鳍，或叫附加鳍；体被细小菱形鳞片，其结构似软骨硬鳞鱼；眼

◆视觉发达的棘鱼

大，侧生，前位并有围眶骨；背鳍一个或两个；有原始的颌，一个扩大的上颌骨与发育完善的下颌咬合，上颌无牙，下颌有牙；内骨骼已开始骨化。上述的一些特征中除颌的构造原始外，其他的特征均相似于比它们进步的硬骨鱼类，它们是从无颌类向有颌类进化的最早尝试者。

同奇形怪状的甲胄鱼、盾皮鱼相比，棘鱼体形却相当一般化。它们眼睛很大而且靠前，说明它们是视觉发达的动物。身上覆盖着细小的菱形鳞片，这种鳞片一直延续到头部。这些都说明它们是相当活跃的游泳家。

动物的交流艺术

## 禽言兽语真奇妙

> **小知识**
> 
> **棘鱼的进化史**
> 
> 棘鱼类是已知最早的有颌脊椎动物，它们出现于志留纪早期，繁盛于志留纪晚期和泥盆纪，石炭和二叠纪时便逐渐衰落和绝灭了。

### 棘鱼的舞蹈语言

棘鱼，也是使用舞蹈"语言"来彼此交流"思想感情"的。

有时候，当一条雄棘鱼从另一条雄棘鱼统治的地盘经过时，这条"地头蛇"便头朝下跳跃着，疯狂地用嘴咬着沙子，好像是在给"过路者"提出警告："滚开！这是我的管辖区域，你若执迷不悟，我将和咬沙子一样把你咬碎！"这就是雄棘鱼赫赫有名的"战舞"。

◆棘鱼——活跃的游泳家

雄棘鱼的求偶和婚恋，也使用"舞蹈语言"，当它邀请母棘鱼到它巢内完婚时，便在母棘鱼的面前哆嗦着身子，转来转去，仿佛是在恳求："做我的妻子，做我未来孩子的母亲吧！"

◆用舞蹈交流感情的棘鱼

当母棘鱼向雄棘鱼送去"秋波"之后，雄棘鱼身子哆嗦得更急，在母鱼头部下方跳得更欢，直跳到母鱼答应完婚之后，才一头钻进巢里。

雄鱼进巢后，身子平趴在巢门前，歪着头对着入口，意思是说："请进吧，这就是咱们的家。"雌鱼此时并不急进，而是在巢门前伸展开身子，好像在说："噢，你为咱们准备的新房还真不错哪！"

当雌棘鱼钻入巢内之后，雄棘鱼便又开始起劲地跳起哆嗦舞，意思在向雌棘鱼表示忠心："快产卵吧，我会全力保护你和孩子们！"

我来做，你来猜——行为交流

### 知识拓展——实验测定棘鱼"舞蹈语言"

棘鱼间的这种"舞蹈语言"，决非臆测，而是通过实验证明的。比如，当雄棘鱼刚一进巢，马上就把它取走，那么，你会发现雌棘鱼会一直待在巢内等待雄棘鱼的产卵信号，得不到信号，它是决不产卵的。这时，如果你用一根玻璃棒模拟雄棘鱼的哆嗦舞，那么，雌棘鱼便会马上产卵。不仅如此，要是把雄棘鱼向雌棘鱼的求爱过程全部制成模型，然后再把翻译出来的"舞蹈语言"加以重复。那时，雌棘鱼就会追随在模型后面，一片痴情，即使没有巢穴，它也照常用嘴拱沙底，觅寻巢穴的入口。

◆棘鱼——最早的有颌脊椎动物

**棘鱼名字的由来**

称之为棘鱼，是因为它们的背鳍、胸鳍、腹鳍和臀鳍的前端有硬棘。

动物的交流艺术

# 禽言兽语真奇妙

## 鲜花，代表我的爱
## ——白头翁给未婚妻的礼物

赠送礼物，是恋人间经常发生的事。在动物世界里，有一位"绅士"每次远行归来，也会给"恋人"带上礼物，让我们一起来了解这位绅士吧！

◆ "绅士"恋人——白头翁

## 白头翁的形态

白头翁是常见的群栖性鸟，栖于林缘、灌丛、红树林及林园。它的额至头顶呈纯黑色而富有光泽，头顶两侧自眼后开始各有一条白纹，向后延伸至枕部相连，形成一条宽阔的枕环，有的标本枕羽具黑端，有的头顶后和枕全白色（两广亚种无白色枕环，额至枕全黑色）。颊、耳羽、颧纹为黑褐色，耳羽后部转

◆ 群栖性鸟——白头翁

为污白色或灰白色。上体褐灰或橄榄灰色，具黄绿色羽缘，使上体形成不明显的暗色纵纹。尾和两翅暗褐色具黄绿色羽缘。颏、喉白色，胸淡灰褐

我来做，你来猜——行为交流

色，形成一道不明显的淡灰褐色横带。其余下体白色或灰白色，羽缘黄绿色，形成稀疏而不明显的黄绿色纵纹。虹膜褐色，嘴和脚均为黑色。

> 白头翁主要为留鸟，一般不迁徙。

## 白头翁的生活习性

白头翁性活泼，不甚畏人。白头翁是长江以南广大地区中常见的一种鸟，多活动于丘陵或平原的树木灌丛中，也见于针叶林里。白头翁巢于桑树茂密的绿叶丛中，或油茶树上及各种灌木丛中，距地大多2～3米。但亦有筑在高大乔木上的，距地高度约在6～6.5米间。巢呈深杯状，用草茎、杂叶、芦苇、草穗及少量细根、石松等构成，内垫以细柔的杂草。每窝产卵3～4个，呈椭圆形，色淡红，其上有深红、淡紫等色的斑点。秋冬季大多二三十只结成大群，活动于樟、楝等树上啄食果实。春夏季则仅3～5只相伴觅食。常栖息于矮树篱或灌丛的最高处，常在树枝间跳跃，或飞翔于相邻树木间，一般不作长距离飞行，见有昆虫飞过时就飞捕于空中，然后再回到它栖息的树上，大声鸣叫。它的鸣声是多种多样的。

◆活泼的白头翁

◆鸣声多种多样白头翁

> 白头翁繁殖于3月至8月间。一年产卵至少两次。

动物的交流艺术

### 点击——白头翁的叫声

白头翁鸟的叫声起码有6种，分别有双音节叫声"句饿"，双音节复叫声

## 禽言兽语真奇妙

◆捕食的白头翁

"句饿句饿"，4音节叫声"居焦桥诘"、"诘记聚叫"，5音节叫声"诘诘记聚叫"，6音节叫声是"居焦桥诘鞠鸥"。

双音节叫声"句饿"，平常听到的叫声。双音节复叫声"句饿句饿"，是起飞时发出的叫声。4音节叫声有两种：一种是在叫6音节时，声音突然刹停出现"居焦桥诘"的4音节；接下去换一种叫声，先转换为4音节的另一种叫声"诘记聚叫"。5音节叫声"诘诘记聚叫"，接在4音节叫声后面。6音节声音鸣叫一会儿就会鸣叫5音节声音。6音节叫声"居焦桥诘鞠鸥"是在三春时节经常听到的呼唤异性的叫声。

### 知识窗

**白头翁的分布范围**

分布范围：中国南方、越南北部及琉球群岛。

## 白头翁的食性

白头翁是杂食性鸟类，既食植物性物质，也食动物性物质，同时食性还随季节而异，春夏两季以动物性食物为主，秋冬季则以植物性食料为主。动物性食物中以鞘翅目昆虫为最多，如鼻甲、步行甲、瓢甲。它吃大量的农林业害虫，是农林益鸟之一，为受保护的鸟类。植物性食料大部分为双子叶植物，也食一部分浆果和杂草种子，如樱挑、乌桕、葡萄等。

◆杂食性鸟类——白头翁

我来做，你来猜——行为交流

## 白头翁的礼物

赠送礼物表达爱情是动物求偶的另一种仪式。欧洲有一种白头翁，它的传情也像欧洲的绅士一样，雄鸟从远处归来时，要带上一支艳丽的鲜花献给"未婚妻"，表示对它的忠诚。

◆振翅的白头翁

**想一想议一议**

如何辨别白头翁雌雄？

雄鸟胸部灰色较深，雌鸟浅淡；雄鸟枕部白色清晰，雌鸟稍发污。幼鸟头灰褐、背橄榄褐色、腹部及尾下复羽灰白，容易跟成鸟区分。

动物的交流艺术

禽言兽语真奇妙

# 偷来的礼物
## ——企鹅的见面礼

有一种动物生活在南极，前肢成鳍状，背部黑色，腹部白色，犹如穿着一身优雅的燕尾服。

大家想到这种动物是什么了吗？它是怎样生活的，又是怎样求爱的呢？让我们一起进入它的世界来看看吧！

◆身穿燕尾服的企鹅

## 企鹅的种类

企鹅是地球上数一数二可爱的动物。世界上总共有18种企鹅，各个种的主要区别在于头部色型和个体大小，它们全分布在南半球：南极与亚南极地区约有8种，其中在南极大陆海岸繁殖的有2种，其他则在南极大陆海岸与亚南极之间的岛屿。企鹅常以极大数目的族群出现，占有南极地区85％的海鸟数量。

◆分布在南半球的企鹅

*我来做，你来猜——行为交流*

## 企鹅水中"飞行"的秘密武器

企鹅本身有其独特的结构。虽然企鹅双脚基本上与其他飞行鸟类差不多，但它们的骨骼坚硬，并比较短平。这种特征配合犹如2支桨似的短翼，使企鹅可以在水底"飞行"。双眼上的盐腺可以排泄多余的盐分。企鹅双眼由于有平坦的眼角膜，能在水底及水面看东西。双眼可以把影像传至脑部作望远集成使之产生望远作用。

◆水中"飞行"的企鹅

### 想一想议一议

**企鹅会飞吗？**

和鸵鸟一样，企鹅是一群不会飞的鸟类。虽然现在的企鹅不能飞，但根据化石显示的资料，最早的企鹅是能够飞的，直到65万年前，它们的翅膀慢慢演化成能够下水游泳的鳍肢，成为目前我们所看到的企鹅。

## 企鹅防寒秘诀

企鹅是一种最古老的游禽，它很可能是在南极洲还未穿上冰甲之前，就已经在南极安家落户了。南极虽然酷寒难当，但企鹅经过数千万年暴风雪的磨炼，全身的羽毛已变成重叠、密集的鳞片状。这种特殊的羽毛密度比同一体型的鸟类的大3～4倍，作用是调节体温，不但海水难以浸透，就是气温在零下近100℃，也休想攻破它保温的防线。

◆可爱的企鹅

动物的交流艺术

## 禽言兽语真奇妙

### 企鹅的捕食

南极陆地多，海面宽，丰富的海洋浮游生物成了企鹅充沛的食物来源。企鹅的胃口不错，每只企鹅每天平均能吃750克食物，主要是南极磷虾。因此，企鹅作为捕食者在南大洋食物链中起着重要作用。企鹅是一种鸟类，因此它没有牙齿。企鹅的舌头以及上颚有倒刺以适应吞食鱼虾等食物，但是这并不是牙齿。

◆恩爱的企鹅

### 企鹅的社会性

企鹅喜欢群栖，一群有几百只，几千只，上万只，最多者甚至达10万~20多万只。在南极大陆的冰架上，或在南大洋的冰山和浮冰上，人们可以看到成群结队的企鹅聚集的盛况。有时，它们排着整齐的队伍，面朝一个方向，好像一支训练有素的仪仗队，在等待和欢迎远方来客；有时，它们排成距离、间隔相等的方队，如同团体操表演的运动员，阵势十分整齐壮观。

◆喜欢群栖的企鹅

**小知识**

**企鹅为何不怕冷？**

企鹅可以说是现生最不怕冷的鸟类。它全身羽毛密布，并且皮下脂肪厚达2~3厘米，这种特殊的保温设备，使它在-60℃的冰天雪地中，仍然能够自在生活。

我来做，你来猜——行为交流

## 企鹅的"晋见礼"

阿德里企鹅的求婚方式更加有趣。有人亲眼看到这种滑稽的场面：雄企鹅求爱前需要挑选一些卵石作为"晋见礼"，但是在雪地里这种礼物并不那么容易获得。一只衣冠楚楚穿着漂亮"燕尾服"的雄企鹅，走起路来风度翩翩，当它靠近邻居的窝巢时，趁对方不备偷一块卵石放在自己的腹部下面，却装出一副正人君子的样子，若无其事，这种情景和人间的小偷多少有些相似。雄企鹅偷到卵石后大摇大摆地回来，一时心安理得，暗暗高兴。当求爱的季节来到时，雄企鹅就把偷来的卵石彬彬有礼地献到雌企鹅的脚下，然后退几步站立在一旁观望。雌企鹅总要先考验一番，捡起这块卵石抛向雄企鹅。如果雄企鹅站立不动，就说明十分忠诚老实，一旦双方认可了，就用订亲的礼物——偷来的卵石在雪地的背风处筑起洞房，建立小家庭。

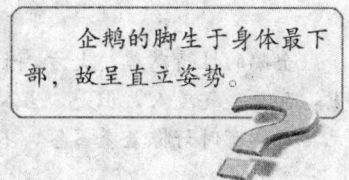

企鹅的脚生于身体最下部，故呈直立姿势。

企鹅趾间有蹼，跖行性（其他鸟类以趾着地）。

动物的交流艺术

◆求爱的企鹅

◆母子亲情

## 禽言兽语真奇妙

### 知识拓展——企鹅的礼貌

企鹅的性情憨厚、大方，十分逗人。尽管企鹅的外表道貌岸然，显得有点高傲，甚至盛气凌人，但是，当人们靠近它们时，它们并不望人而逃，有时好像若无其事；有时好像羞羞答答，不知所措；有时东张西望，交头接耳，唧唧喳喳。

动物的交流艺术

我来做，你来猜——行为交流

# "章"毒不食子
## ——章鱼的爱子之心

提起章鱼，它可是海洋里的"一霸"。章鱼力大无比、残忍好斗、足智多谋，不少海洋动物都怕它。

可是残忍的章鱼却爱子心切，让我们一起来了解这种海洋生物吧！

◆海洋"一霸"——章鱼

## 章鱼的感觉器官

章鱼是一种敏感动物，它的神经系统是无脊椎动物中最复杂、最高级的。它的感觉器官中最发达的是眼，眼不但很大，而且睁得圆鼓鼓的、一动也不动，像猫头鹰似的。此外，在眼睛的后面皮肤里有个小窝，这个不同寻常的小窝，是专管嗅觉用的。

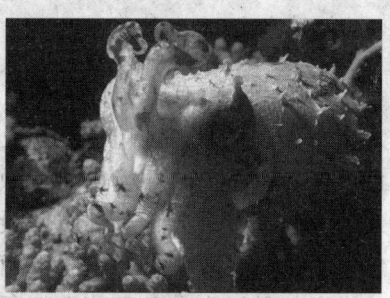

◆力大无比的章鱼

## 章鱼的法宝

章鱼之所以能在大海里横行霸道，是与它有着特殊的自卫和进攻的"法宝"分不开的。

禽言兽语真奇妙

动物的交流艺术

### 章鱼的触腕

首先，章鱼有八条感觉灵敏的触腕，每条触腕上有300多个吸盘，每个吸盘的拉力为0.98牛顿，无论谁被它的触腕缠住，都是难以脱身的。有趣的是，章鱼的触腕和人的手一样，有着高度的灵敏性，用以探察外界的动向。每当章鱼休息的时候，总有一二条触腕在值班，值班的触腕在不停地向着四周移动着，高度警惕着有无"敌情"；如果外界有什么东西轻轻地触动了它的触腕，它就会立刻跳起来，同时把浓黑的墨汁喷射出来以掩藏自己，趁此机会观察周围情况，准备进攻或撤退。章鱼可以连续6次往外喷射墨汁，过30分钟后，又能积蓄很多墨汁。章鱼的墨汁对人不起毒害作用。

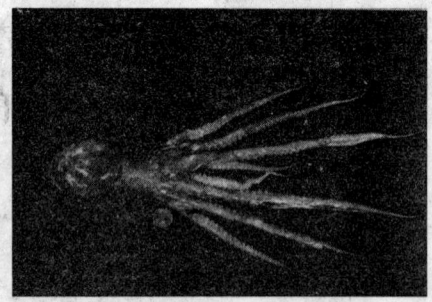
◆灵敏的触腕

◆触腕上的吸盘

### 章鱼的变色

其次，章鱼有十分惊人的变色能力，它可以随时变换自己皮肤的颜色，使之和周围的环境协调一致。有人问：章鱼怎么会有这种魔术般的变色本领呢？原来在它的皮肤下面隐藏着许多色素细胞，里面装有不同颜色的液体，在每个色素细胞里还有几个扩张器，可以使色素细胞扩大或缩小。章鱼在恐慌、激动、兴奋等情绪变化时，皮肤都会改变颜色。

◆会变色的章鱼

我来做，你来猜——行为交流

章鱼的再生

再其次，章鱼的再生能力很强。每当章鱼遇到敌害时，有时它的触腕被对方牢牢地抓住了，这时候它就会自动抛掉触腕，自己往后退一步，让断触腕的蠕动来迷惑敌害，趁机赶快溜走。每当触腕断后，伤口处的血管就会极力地收缩，使伤口迅速愈合，所以伤口是不会流血的，第二天就能愈合，不久又长出新的触腕。

◆再生能力很强的章鱼

章鱼的脱身

最后一点，章鱼有高超的脱身技能。由于章鱼能将水存在套膜腔中，依靠溶解在水中的氧气生活，因此它离开了海水也照样能活上几天。

章鱼和人们熟悉的墨鱼一样，并不是鱼类，它们都属于软体动物。

知识窗

### 章鱼之最

最小的章鱼是乔木状章鱼，长约5厘米；而最大的可长达5.4米，腕展几乎达9米。

小知识

### 章鱼的繁殖

章鱼雌雄异体。雄体具一条特化的腕，称为化茎腕或交接腕，用以将精包直接放入雌体的外套腔内。通常章鱼在冬季交配。

动物的交流艺术

"科学就在你身边"系列

禽言兽语真奇妙

## 章鱼的聪明才智

章鱼喜欢钻进动物的空壳里居住。每当它找到了牡蛎以后，就在一旁耐心地等待，在牡蛎开口的一刹那，章鱼就赶快把石头扔进去，使牡蛎的两扇贝壳无法关上，然后章鱼就把牡蛎的肉吃掉，自己钻进壳里安家。就这一点足以说明章鱼不是愚笨之辈。其实章鱼的智能远不止于此，它还会利用触腕巧妙地移动石头，这对于章鱼来说，石头既是它们的建筑材料，又是防御外来敌害攻击的"盾"。有时它将一块大石头作为挡箭牌，置于自己面前，一有风吹草动，就把石盾推向敌害来袭的一侧，同时利用漏斗向敌害喷射墨汁。当它要退却时，又会用这石盾断后。

◆章鱼与牡蛎

章鱼又是出色的"建筑家"。说来也怪，它每次建造房屋都是在半夜三更时分进行，午夜之前，一点动静也听不到，午夜一过，它们就好像接到了命令似的，八只触手一刻不停地搜集各种石块，有时章鱼可以运走比自己重5倍、10倍，甚至20倍的大石头。在有章鱼喜欢栖息的地方，常有"章鱼城"出现，这些由石头筑成的"章鱼之家"鳞次栉比，颇为壮观。

◆足智多谋的章鱼

◆出色的"建筑家"——章鱼

动物的交流艺术

我来做，你来猜——行为交流

### 想一想议一议

**最毒的章鱼？**

世界上最毒的章鱼，是蓝环章鱼，蓝环章鱼属于剧毒生物之一，被这种小章鱼咬上一口就能致人死亡。这种章鱼一般不会主动攻击人类。所以人们在海边游玩时要注意别踩到它。

## 残忍章鱼爱子心切

章鱼好斗成性，它也有点欺软怕硬，碰到比自己厉害的对手，它就施展"丢卒保车"的战术；如果碰到不及自己的对手，它必然把对方打败为止。

> 章鱼有三个心脏，两个记忆系统，大脑中有5亿个神经元。

别看章鱼对待"敌人"凶狠残忍，对待自己的子女却百般地抚爱，体贴入微，甚至累死也心甘情愿。

章鱼雌雄异体，每年春天，它们便成群结队地从海里游到岸边产卵。每当到了繁殖的时候，雄章鱼的第三只腕足就变成了专门交配用的"交接腕"了。它的生殖器官，除了精巢和输精管之外，还有"精虫包"，也叫"精包"，里面包含着许多精子。交配时，雌雄章鱼头对头地碰在一起，这时候雄章鱼就用交接腕伸到雌章鱼的外套腔里面，交接腕上携带着精包，在外套腔内和雌章鱼的卵细胞完成受精过程。

雌章鱼的"爱子"之情是很深的。当它把受精卵产在水草上以后，便日夜守护在卵旁，一刻也不离开。它千方百计地阻止别的动物接近，避免后代受到伤害。它还不停地用脚腕

◆爱子心切的章鱼

动物的交流艺术

## 禽言兽语真奇妙

来翻动卵粒、抚摸卵膜，有时还从漏斗中喷出水来，逐个地冲洗快要出生的"婴儿"。

幼章鱼形状酷似成体但小得多，孵出后需随浮游生物漂流数周，然后沉入水底隐蔽。

### 知识拓展——实验证明章鱼"爱子"之情

有一位动物学家曾这样描述过章鱼的"爱子"之情：雌章鱼由于十分尽责来护卫自己的卵块，竟把误入卵堆的丈夫咬死了。这真是爱子胜过爱夫了。另一位动物学家，曾做过这样的实验来检验章鱼的"母爱"：他把水缸中的水全部抽干，但章鱼还若无其事地坐在它的那些卵上一动不动，尽管它的性命危在旦夕，但仍不丢下自己的亲骨肉仓皇逃命。直等到小章鱼从卵壳里孵化出来，这位"慈母"还不放心，唯恐自己心爱的孩子被其他海洋动物欺侮，仍然不肯离去，以至最后自己变得十分憔悴，也有的因过度劳累而死去。

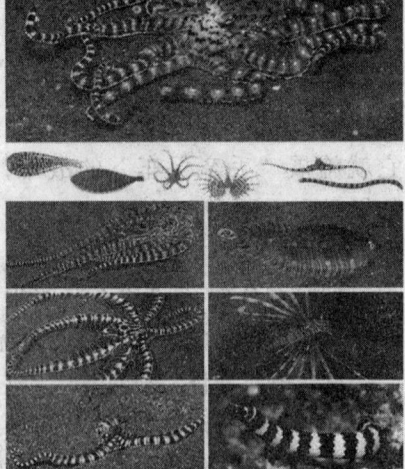

◆多种多样的章鱼

我来做，你来猜——行为交流

# 动物情深
## ——动物的葬礼

人去世了我们会采用不同的方式表示对死者的怀念，而根据民族地域不同，其悼念方式会有所不同，葬礼也各有特色。那动物有没有悼念活动呢？如果有，那又会是怎样的呢？下面就介绍几种动物的葬礼，了解动物的情感世界。

◆乌鸦

## 乌鸦的葬礼

乌鸦是一种非常讲情义的鸟类。当一只乌鸦死后，会有同伴为其举行葬礼。葬礼的仪式是这样的：一群乌鸦整齐地排成弧形的队伍，围在死乌鸦四周。乌鸦首领站在死乌鸦旁边，呱呱叫个不停，为同伴的离去而悲鸣，其他的乌鸦则默不作声，像在倾听首领的悼词。过了一会儿，有几只乌鸦会衔着那只死乌鸦，飞到池塘的上空，将它抛入池塘，随即又飞回原地。然后，那只首领乌鸦带领着同伴在池塘上空盘旋几圈，最后边叫边飞向远方。

◆乌鸦的葬礼

动物的交流艺术

## 禽言兽语真奇妙

### 大象的葬礼

大象的葬礼——1970年12月，有位科学家，在非洲密林目击到了大象的丧礼。

大象是世界现存最大的陆栖动物。

在一个草原上，几十头象围着一头步行蹒跚、有气无力的重病老象。象群用鼻子把附近的草叶集拢来捆成束，朝老象嘴边投去，但老象已不能进食，最后终因支撑不住倒地而死。这时群象突然发出一阵哀嚎，为首的雄象用象牙掘松泥土，又用鼻子卷起向象尸投去，众象纷纷仿效。片刻，死象就被掩埋，形成一个土堆。此后，为首的雄象率领象群边加土边踏实，形成一个坚固的象墓。最后，雄象一声号叫，停止踏土堆。然后，象群绕墓缓行，向遗体告别。直到夕阳西下，才各自耷拉着脑袋，扇着耳朵，卷着鼻子，依依不舍地走向密林深处。

◆大象哀鸣

**知识窗**

非洲肯尼亚科学家进行的一项研究表明：非洲大象能辨认其他100多头大象发出的叫声。

### 猴子的葬礼

猴子的葬礼——也有人看到过猴子的葬礼，其仪式是这样的：先是猴子们围着死猴哀哀痛哭，哭一阵后有一只体型较大的猴子站到死猴前面，其他的猴子把死猴托起放到它的背上，它背着死猴走向空地。然后众猴开始挖

## 我来做，你来猜——行为交流

坑，还不到17厘米深就迫不及待地把死猴移入坑内，接着往它身上堆土，渐渐地垒起一个小坟。奇怪的是，死猴虽然被土掩埋了，尾巴却留在外面。坟堆筑好以后，猴子们就静静地坐着，突然吹来一阵山风，死猴毛茸茸的尾巴随风晃动，猴子们见尾巴在动，以为死猴复活了。一个个破涕为笑，欣

◆猴群在默哀

喜若狂地蹦跳起来，然后你一扒，我一爪地把坟堆扒开，抬出死猴，百般抚摸，当发现死猴并没有丝毫反应时，它们又恢复了原来的那种悲哀神态，重新把死猴埋好，尾巴仍然留在外面。一阵风吹来，尾巴又动了，猴子们又破涕为笑，再把死猴挖出来。这样反复了4次，最后，一只老猴子哀鸣一声，于是众猴也随着它向死猴哀鸣告别，快快地回山洞去了。

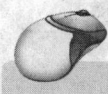

### 点击——大象怎么分公母

一般来说，亚洲象雄象长着伸出嘴外的象牙（也有个别的没有），雌象一律没有。非洲象雌雄都有象牙。更直接的是看生殖器，但是雄象的睾丸是在腹腔内的，看不出来。阴茎平时也完全缩回体内，只有在排尿和交配时才会伸出。

### 知识拓展——年龄的传说

猴子的寿命一般是20年左右，1988年7月10日，一名叫波波的雄性白喉卷尾猴，是世界上年龄最大的一只猴子，时年53岁。

传说：上帝给生灵万物确定寿命时，其中给人的寿命是20年、驴子50年、狗25年、猴子20年。猴子和狗也不想要那么长的寿命，分别只要了10年和15年；只有人嫌自己的寿命太短。于是上帝就把驴子、狗和猴子放弃的寿命都给了人。因此，最后人类可以活到80岁。

禽言兽语真奇妙

## 尾巴的"兼职"
### ——以尾代喉

动物的交流艺术

◆陆地上最高的动物——长颈鹿

我们人类除了声音语言外，还可以利用双手创造丰富多彩的肢体语言。动物们没有灵活的双手，但是尾巴却同样能赋予它们多种多样的肢体语言。让我们一起来见证它的精彩吧！

### 长颈鹿

长颈鹿是陆地上最高的动物，它生活在热带丛林中，虽然有树林遮挡，然而，仍旧能望很远，跑得快。长颈鹿喜欢群居，一般10多头生活在一起，有时多到几十头一大群。不过这种动物也有自己的不足，就是它没有声带，所以发不出声音来。

既然如此，它们同类之间又是如何进行必要的联系呢？

原来，长颈鹿有"以尾代喉"的本领，能用尾巴的动作表达不同的意思。当它的尾巴完全竖起来时就是告诉同伴："快逃，有危险！"如果把

◆美丽的长颈鹿

## 我来做，你来猜——行为交流

尾巴半抬起来，则表明："注意，要加强警戒！"要是把尾巴全垂下来了，那意思就是："平安无事"。

> 长颈鹿是一种生长在非洲的反刍偶蹄动物。

### 想一想议一议

**长颈鹿为什么这么高？**

原来，它的祖先并不高，主要靠吃草为生。后来，自然条件发生变化，地上的草变得稀少，它们为了生存，必须努力伸长脖子吃高大树木上的树叶。这样一代代延续下来，长颈鹿就变成现在这个样子了。

## 野 兔

野兔与穴兔相比耳朵稍长一些。野兔一般单独活动，没有地洞，它们依靠快速奔跑来逃避危险，其奔跑速度能够达到每小时50千米。雌性野兔每年在浅而隐蔽的兔窝里生几窝幼兔，幼兔出生后几个小时就能够奔跑。

野兔一般每两天进食一次，喜干燥。喜欢栖息在低矮干燥的灌木丛中，深夜或凌晨从栖息地顺着山上的小路下到灌木稀疏的山脚，果园，路边进食。

野兔的身体一般是灰褐色的，唯独其尾巴是白色的。当它们带领子女们在野地里觅食或嬉戏时，一旦遇到敌情，其中一只担任"哨兵"的兔子，即会马上把尾巴高高举起，拼命晃动，其他野兔见了以后，也跟着把尾巴一起晃动起来，互相警告，顿时一哄而散，逃之夭夭。

◆机灵的野兔

◆警惕的野兔

动物的交流艺术

## 禽言兽语真奇妙

**知识窗**

**野兔的营养**

野兔几乎全身没有脂肪,营养丰富。

## 狗

狗通常被称为"人类最忠实的朋友",也是饲养率最高的宠物。

狗的尾巴有时也能起"无声语言"的作用。当它的尾巴竖起来时,表示"威风凛凛,神圣不可侵犯";尾巴不动,则表示"忧虑不安";要是尾巴夹在两条后腿之间,则表示"害怕";而当它与久别重逢的主人相见时,则会摇头晃脑,并且不断地摇摆尾巴,显示出相当亲热的样子。

◆追逐的狗狗

**知识拓展——狗的训练要领**

(1)夸奖、抚摸:训练的目的是为了"教会",而不是"骂会"。最好的办法是经常地夸奖和抚摸,让狗明白主人快乐心情的表示方法。

(2)口令清楚:为了让狗理解和记忆,训练时口令最好使用简短、发音清楚的语句,而且不宜反复地说。

(3)避免多余的夸奖:对狗的夸奖要仅限于狗十分听话的时候。如果动不动就夸奖狗,就会使它产生迷惑,它不知道什么时候能得到夸奖。

(4)纠正及时:当狗正准备做"不可以做"的事情的瞬间,应大声、果断地制止它。如果事后再来训斥它,狗不会明白其中原因而且依然会继续做那些"不可以做"的事。更严重的是,在不明原因的情况下若经常遭到训斥,狗就会渐渐地对主人产生不信赖感,变得不再听主人的话。

我来做，你来猜——行为交流

(5) 坚决杜绝体罚：以体罚的方式来迫使狗服从的方法是最要不得的。同其他动物一样，狗对人抱有非常强的警戒心。因此，在狗不听从指挥的时候，大声命令的同时，用水枪冲着狗的脸射过去，大部分的狗就会安静下来。

(6) 随时随地训练：训练是不受时间限制的。在散步、吃饭、来客等一些日常生活中，都应耐心地教狗哪些是"该做"，哪些是"不该做"的事。

(7) 绝不放弃：狗不是只教一两次就能马上记住并照办的动物。它需要在不停地训练过程中逐渐形成记忆。因此要求饲养者要有耐心，不断地对它进行训练。

(8) 培养适应能力：狗对自己不喜欢的东西，时常是躲避，或冲着它吠叫，或干脆捣毁它。这有时会给主人造成很大的麻烦。在这种情况下，首先要有耐心，绝不能心急，让狗慢慢地接近它不喜欢的东西，同时要不停地以温和的声音对它讲话，使它平静下来。

◆狗

(9) 不与别的狗攀比：狗的能力不同，因此，要采取与之相适应的速度来训练，绝不能与别的狗比差距，从而认为"我们家的狗悟性真差"。对自家的狗要充满信心。

(10) 向专家咨询：在训练的过程中，如果碰到什么疑难问题，请随时向专家或兽医咨询。

◆嬉戏的狗狗

# 河　狸

河狸是中国啮齿动物中最大的一种。过着半水栖生活，体型肥壮，头短而钝、眼小、耳小及颈短。门齿锋利，咬肌尤为发达，一棵40厘米粗的

## 禽言兽语真奇妙

树只需2小时就能咬断。前肢短宽，无前蹼；后肢粗大，趾间具全蹼，并有搔痒趾。躯体背部针毛亮而粗，绒毛厚而柔软，腹部基本为绒毛覆盖。背体呈锈褐色。针毛黄棕色，头、腹部毛色较背部浅，呈灰棕色。颏下近黄色。幼体色灰棕。肛腺前见一对香腺分泌"河狸香"。

河狸的尾巴，可作为建筑工具，用来拍打、覆盖巢穴的泥土。然而，必要时又能用来拍击河水，警告它的同伴赶快躲避敌人。

◆河狸

### 猫

第二次世界大战期间，在美军驻扎的一个小岛上，有一只受人宠爱的猫，每当日本侵略者的飞机临近的时候，它就会用尾巴使劲拍打地面，及时地给人们发出空袭"警报"。

◆猫

# 你懂我的色彩斑斓吗

## ——色彩交流

　　善于运用色彩语言的动物不光是鸟类、爬行类、鱼类、两栖类,甚至连蜻蜓、蝴蝶和墨鱼也都充分利用色彩。有的动物利用美丽的外表吸引异性;有的动物用自身鲜艳的色彩来警告别人:"请远离我,我是有毒的。"也有的动物则利用自身色彩与环境色彩相似来充当保护色。

　　你懂我的色彩斑斓吗?本篇将详细地给大家介绍动物的色彩交流。

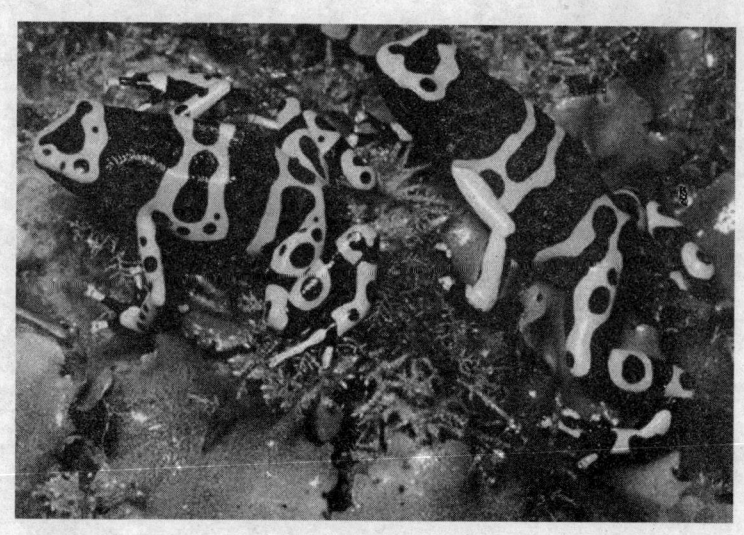

你懂我的色彩斑斓吗——色彩交流

# 我的美丽，我的彩礼
## ——雉鸡的爱情表达

求偶炫耀是指鸟类在繁殖期通过婉转鸣唱，展示华丽多彩的羽毛，进行婚飞、戏飞或以其他行为姿态吸引异性的一种活动。鸟类的求偶炫耀丰富多彩，各式各样。展示华丽多彩的羽毛是一种经常可以见到的求偶炫耀方式。下面就介绍雉鸡的爱情表达。

◆我美丽吗？

## 雉鸡的性情

雉鸡性情活泼，善于奔走，不善飞行。雉鸡喜欢游走觅食，奔跑速度快，高飞能力差，只能短距离低飞，而且不能持久。

雉鸡通称野鸡。形状像鸡，雄雉尾巴长，羽毛美丽，多为赤铜色或深绿色；雌雉尾巴稍短，灰褐色。

雉鸡在平时觅食过程中，时常抬起头机警地向四周观望，如有动静，迅速逃匿，尤其在人工笼养情况下，当突然受到人或动物的惊吓或有激烈的嘈杂噪音刺激时，雉鸡群会惊飞乱撞，发生撞伤，甚至撞得头破血流或造成死亡。笼养雄雉鸡在繁殖季节，有主动攻击人的行为；野生成年雌、雄雉鸡常佯装跛行或拍打翅膀引开敌害，以保护幼雉鸡。

## 禽言兽语真奇妙

### 雉鸡的食性

雉鸡的食量很小，食性杂。雉鸡胃囊较小，容纳的食物也少，喜欢吃一点就走，转一圈回来再吃。雉鸡是杂食鸟，喜欢吃各种昆虫、小型两栖动物、谷类、豆类、草籽、绿叶嫩枝等。人工养殖的雉鸡，以植物性饲料为主，配以鱼粉等动物性饲料。据观察，家养雉鸡上午比下午采食多，早晨天刚亮和下午5～6时，是全天两次采食高峰；夜间不吃食，喜欢安静环境。

◆喜欢安静的雉鸡

### 雉鸡的求偶表演

雉鸡在相互联系，相互呼唤时常发出悦耳的叫声，就像"柯—哆—啰"或"咯—克—咯"。当突然受惊时，则暴发出一个或系列尖锐的"咯咯"声；繁殖季节，雄雉鸡在天刚亮时，发出"克—多—多"欢喜清脆的啼鸣声；日间炎热时，雄雌雉鸡都不鸣叫或很少鸣叫。

◆栖于农耕地的雉鸡

繁殖季节以雄雉鸡为核心，组成相对稳定的繁殖群，独处一地活动，其他雄雉群不能侵入，否则就会开展强烈争斗。自然状态下，由雌雉鸡孵蛋，雏雉鸡出生后，由雌雉鸡带领初生的雏雉鸡活动。待雏雉鸡长大后，又重新组成群体，到处觅食，形成觅食群。

动物的交流艺术

## 你懂我的色彩斑斓吗——色彩交流

### 雄雉鸡求偶行为

雄雉鸡求偶行为可分为鸣叫、张望、静听、追逐、交尾五个步骤。雉鸡是一夫多妻制,一般是3~5只雌鸟追随1只雄鸟。在杂草丛生的自然环境中,雄鸟边走边发出"咯咯—咯咯—咯"低沉的鸣叫声,并不时举头张望,环看四周,如见不到雌鸟,则站到高处静听,待判定方向后再追随而去。

### 雌雉鸡求偶行为

雌雉鸡求偶行为可分为寻找、靠近、接受食物、交尾等四个步骤。进入繁殖季节,几只(最多达5只)雌雉鸡追随1只雄雉鸡。一般情况下,雄雉鸡找到食物后,点头唤叫雌雉鸡,有时几只雌雉鸡同时前来争食,这就给雄雉鸡选择雌雉鸡交配创造了机会,从而顺利完成交尾过程。

### 美丽的炫耀

交尾是鸟类繁衍后代的重要过程,不同种类的鸟其交尾方式也不一样,有些鸟通过炫耀华丽的羽毛来吸引异性,有些鸟则通过激烈的争斗来获得交配权。雄雉鸡是在拥有一个种群交配地位后,通过追逐、炫耀、鸣叫(咯咯—咯—咯咯咯)、献食物等方式来达到交尾的目的。过程是雄雉鸡鸣叫呼唤雌雉鸡,雌雉鸡若无其事地边啄食边靠

◆性情活泼的雉鸡

近雄雉鸡,这时雄鸟鸣叫(咯—咯—咯),边献食物,边将内侧翅膀下垂,振翅踮脚圈绕雌雉鸡;雌雉鸡随雄雉鸡慢转,如接受交配则胸着地卧下,尾歪斜。雄雉鸡跳到雌雉鸡背上,嘴啄其头羽,两脚抓肩,双翅抱搂雌雉鸡,尾下压,雌雄肛门对接,约5~10秒钟便完成交尾全过程。

# 禽言兽语真奇妙

**小知识**

**雉鸡主要栖息在什么地方？**

雉鸡主要栖于不同高度的开阔林地、灌木丛、半荒漠及农耕地。

**点击——雉鸡的习性**

雄雉鸡单独或成小群活动，雌雉鸡与其雏雉鸡偶尔与其他雉鸡合群。栖于不同高度的开阔林地、灌木丛、半荒漠及农耕地。

食性：杂食性。所吃食物随地区和季节而不同。秋季主要以各种植物的果实、种子、植物叶和芽、草籽和部分昆虫为食。冬季主要以各种植物的嫩芽、嫩枝以及草茎、果实、种子和谷物为食。

繁殖：繁殖期3～7月，南方较北方早些。每窝产卵6～22枚。卵的颜色为橄榄黄色、土黄色、黄褐色、青灰色、灰白色等。

该物种已被列入国家林业局2000年8月1日发布的《国家保护的有益的或者有重要经济、科学研究价值的陆生野生动物名录》。

你懂我的色彩斑斓吗——色彩交流

## 袅娜而至的东方闺秀
### ——极乐鸟的"嫁衣"

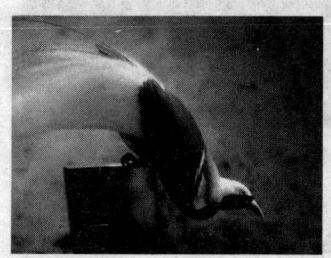

◆王极乐鸟

曾经有一个传说：有一种鸟，在它出生时就没有脚，所以它不能休息，只能一刻不停地朝太阳升起的地方飞翔，直到体力耗尽，它就撞在荆棘刺上，发出一声欢鸣，那欢鸣和它的鲜血却化成另一只鸟，继续向太阳飞行。这种鸟就叫极乐鸟。

### 极乐鸟的传说

1522年，西班牙"维多利亚"号船长艾尔卡诺率领他的船队从摩鹿加群岛（位于马来群岛中，现属印度尼西亚）返回西班牙，卡诺船长除运回大批香料外，还给国王带回5张美丽绝伦的鸟皮。当他把这美丽的礼物献给国王时，朝臣们个个看得目瞪口呆——这种鸟实在是太美了！一时间，人们纷纷传说，卡诺船长带回来的是来自天堂里的鸟。

当然，这种鸟不可能来自天堂，但人们一时又无法找到它们的行踪。直到1824年，自然科学家里内李森在新几内亚的热带森林中亲手采集到"来自天堂里的鸟"的标本，

◆蓝极乐鸟

动物的交流艺术

"科学就在你身边"系列

这时人们才知道这种鸟来自新几内亚热带林。不过，由于欧洲人自16世纪以来一直把这种鸟称作"birds of paradise"（意思是"天堂里的鸟"），因此这个名字一直沿用至今。为了简明起见，我国鸟类学家把这种鸟叫作极乐鸟，这是因为人们认为天堂是极乐世界。

极乐鸟盛产于巴布亚新几内亚的崇山峻岭中，羽毛鲜艳无比，体态华丽绝美；它们鸣叫婉转动听，似乎永远充满欢乐；它们爱顶风飞行，所以又名"凤鸟"，又称"天堂鸟"、"太阳鸟"、"女神鸟"等，是世界上极著名的观赏鸟。

◆长尾极乐鸟

## 常见的几种极乐鸟

据统计，全世界有40多种极乐鸟，在巴布亚新几内亚就有30种，其中最出名的要数蓝极乐鸟、无足极乐鸟和王极乐鸟。极乐鸟头部为金绿色，披一身艳丽的羽毛，特别是有一对长长的大尾羽，更显得妩媚动人，光彩夺目。雄性蓝极乐鸟在求偶时，或仰头拱背，竖起身体两侧的金黄色绒毛；或倒悬在树枝上，抖开全身织锦般艳丽的羽毛，以吸引雌鸟。"无足极乐鸟"并不是真的无足，只是足短一些，飞行时藏在长长的羽毛内，人们见不到。无足极乐鸟的尾翼比身体长二三倍，又被称作长尾极乐鸟。

王极乐鸟体长只有20厘米左右，比别的极乐鸟小得多。它们

◆王极乐鸟

极乐鸟是巴布亚新几内亚的象征，连国旗、国徽、民航客机和各种纪念品上都能见到它的形象。

你懂我的色彩斑斓吗——色彩交流

对爱情忠贞不渝，一旦失去伴侣，另一只鸟就会绝食而死。王极乐鸟生性孤独，不愿和别的极乐鸟共栖一处。当别的极乐鸟迁徙时，它也随之飞上天空，充当空中"引路者"。

### 知识拓展——极乐鸟的求偶表演

在大多数鸟类中，只有雄性才有令人惊叹的羽毛，那本是用来吸引雌性的，极乐鸟也不例外。在繁殖季节，雄鸟选择了一根便于看到数只雌鸟、视野开阔的树枝，站在上面对着雌鸟拍打翅膀或上下翻转，令羽毛像耀眼的瀑布般跳跃，以此来展示自己。那些尾羽带有奇异色彩的鸟则会来回飞行。

如果一只雌鸟爱上了它所见到的那只雄鸟，就会和它交配。但交配后它会离开雄鸟，独自产蛋和抚养幼子。

雄性的拉吉亚那极乐鸟会在清晨或下午开始自我展示。它张开翅膀，侧身沿着树枝跳跃，然后倾下身体，让羽毛朝前抖开。

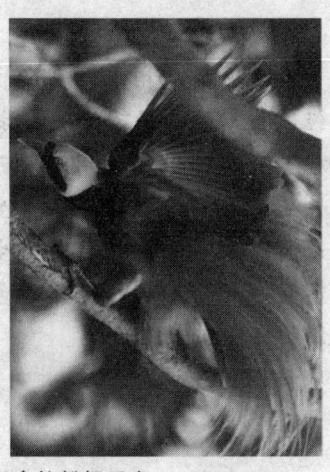

◆艳粉极乐鸟

动物的交流艺术

## 都是美丽惹的祸

世世代代以来，巴布亚新几内亚人用极乐鸟的羽毛制作举行仪式时用的头饰。当人们开始出口羽毛时，极乐鸟遭到了过度捕杀，现在它们已经濒临灭绝了。

## 禽言兽语真奇妙

# 动物的"素裹"
## ——白熊、银狐的保护色

动物的交流艺术

生物界是相生相克的。有的动物经过长期的变异和自然选择，周身造就了有趣的保护色用以隐蔽自己，避开敌害，捕猎食物，保全生命。即使是同样的动物，也会因为生活环境的不同，出现不同的身体颜色，以与周围的环境相互协调。

◆北极熊

## 白　熊

**白熊的身体特征**

北极熊，也叫白熊，是熊科动物中最大的，体长可达2.5米，高1.6米，重500千克。北极熊不仅善于在冰冷的海水中游泳，还擅长在冰面上快速跳跃。为了抵御寒冷，它的耳和尾都很小，全身除脚掌和鼻尖外，都覆盖着厚厚的白毛，而它的皮却是黑色的。北极熊的嗅觉特别敏锐，能判

◆你不怕我吗？

你懂我的色彩斑斓吗——色彩交流

> 北极熊是非常出色的游泳健将，以至于曾被人认为是海洋动物。

断猎物的位置，它的力量大，一击能使人致命。北极熊以海豹、鱼、鸟和鲸的尸体为食。母熊产崽在避风的雪洞中，仔熊刚出生时只有0.3米长，眼睛睁不开，耳朵也听不见，3～5年后，才长大为成年北极熊。作为"北极圈之王"，除去人类，北极熊几乎没有天敌。

白熊的生活习性

北极熊经常栖息在冰盖上，过着水陆两栖生活，通常以海豹、鱼类、鸟类和其他小哺乳动物为食，若能幸运碰到鲸鱼的尸体，则可美美地饱餐一顿。漫长寒冷的冬天，北极熊一般在巢穴里度过。直到来年春季二三月才出来活动，3～5月北极熊活动最频繁。温暖的夏天，北极熊出穴四处寻找猎物。

◀太冷了

北极熊是非常出色的游泳健将，以至于曾被人认为是海洋动物，它的拉丁名U. maritimus即指"海"熊。北极熊在它们的生命中大部分时间（约66.6%）处于"静止"状态，例如睡觉、躺着休息，或者是守候猎物。剩下的有29.1%的时间是在陆地或冰层上行走或游水，1.2%的时间在袭击猎物，最后剩下3.1%的时间基本是在享受美味。北极熊一般有两种捕猎模式，最常用的是"守株待兔"法。它们会事先在冰面上找到海豹的呼吸孔，然后极富耐力地在旁边等候几个小时。等到海豹一露头，它们就会发动突然袭击，并用尖利的爪钩将海豹从呼吸孔中拖上来。如果海豹在岸上，它们也会躲在海豹视线看不到的地方，然后蹑手蹑脚地爬过去发起猛攻。还有一种方式就是直接潜入冰面

◆等等我们俩

动物的交流艺术

## 禽言兽语真奇妙

下,直到靠近岸上的海豹才发动进攻,这样的优点是直接截断了海豹的退路。吃饱喝足后,北极熊会细心清理毛发,把食物的残渣血迹都清除干净。

### 白熊的生长繁殖

北极熊是在三四月份交配,雌熊和雄熊在暂短的"蜜月"之后,夫妻便各奔东西。雌熊产仔一般是双胞胎,偶尔为1个或3个,小北极熊出生时像个小耗子。小熊出生后,要在巢穴中哺乳4个月;然后跟着大熊学习捕猎,跟随母熊两年后,便出走独立生活。长大后的子熊与它的父辈一

◆跟我好好学

样,单独行动,一般不与同类做伴,以便独自享用猎食。因此,人们一般只能见到单只北极熊,或者一个母熊伴着一只或两只小熊在冰上活动。

北极熊最厉害的是熊爪和熊牙,熊爪如铁钩,熊牙赛利刀。目前北极地区的北极熊不超过2万只。

### 白熊神奇的毛

以前人们都认为北极熊一身雪白,如同北极的千年冰雪般圣洁。然而,现代科学技术研究证明,北极熊并非毛色雪白的"一方霸主",而是身披透明外衣的神奇动物。

不久前,美国科学家通过扫描电子显微镜分析了北极熊的毛。结果惊奇地发现,北极熊的毛并非白色,而是一根根中空而透明的小管子。这些小管子在阳光的照射下会变成美丽的金黄色。在阴天或有云的时候,毛管对光线折射和反射较少,人们就会看到白色的北极熊。

这些小管子非常重要,它是北极熊收集热量的天然工具。有了它,北极熊才能抵御北极的严寒。在终年冰雪覆盖的北极,白熊就是雪白的,适宜在冰块上生活。

你懂我的色彩斑斓吗——色彩交流

# 银狐、北极狐

**银狐的身体特征**

银狐全称银黑狐，原产北美北部，西伯利亚东部地区，是目前主要饲养狐种之一。银黑狐因其部分针毛呈白色，而另一些针毛毛根与毛尖是黑色，针毛中部呈银白色而得名。银狐嘴尖、眼圆、耳长，四肢细长，尾巴蓬松且长。

◆银狐

蓝狐也称北极狐，原产于亚洲、欧洲、北美洲北部高纬度地区，北冰洋与西伯利亚南部均有分布。

蓝狐形似银黑狐，但体型略小，喙短，耳宽，嘴圆长，四肢短小，体态圆胖，被毛丰厚。体色有两种，一种是浅蓝色，且常年保持这种颜色；另一种是冬季呈白色，其他季节颜色较深。成年公狐体长45～75厘米，尾长25～30厘米，体重5500～7500克；母狐体长55～75厘米，尾长25～30厘米，体重4500～6000克。

**北极狐的身体特征**

北极狐也叫白狐等，被人们誉为雪地精灵。北极狐体长50～75厘米，尾长20～25厘米，体重2500～4000克。体型较小而肥胖，嘴短，耳短小，略呈圆形，腿短。冬季全身体毛为白色，仅鼻尖为黑色。夏季体毛为灰黑色，腹面颜色较浅。有很密的绒毛和较少的针毛，尾长，尾毛特别蓬松，尾端白色。北极狐能在-50℃的冰原

◆雪地精灵北极狐

## 禽言兽语真奇妙

上生活。北极狐的脚底上长着长毛，所以可在冰地上行走，不打滑。野外分布于俄罗斯极北部、格陵兰、挪威、芬兰、丹麦、冰岛、美国阿拉斯加和加拿大极北部等地。结群活动，在岸边向阳的山坡下掘穴居住。

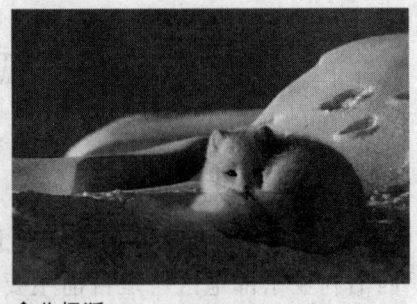

◆北极狐

根据以往的说法，狐狸被认为是不合群的动物，近来的观察结果表明，狐狸有其一定的社群性。3月份是北极狐的发情期。当发情开始时，雌北极狐头向上扬起，坐着鸣叫，这是在呼唤雄北极狐。雄性在发情时，也是鸣叫，比雌性叫得更频繁、更性急些，最后用独特的声调结尾，有些类似猫打架的叫声，也有些像松鸡的声音。

在一群狐狸中，雌狐狸之间是有严格的等级的，它们当中的一个能支配控制其他的雌狐。此外，同一群中的成员分享同一块领地，如果这些领地非要和临近的群体相接，也很少重叠，说明狐狸是有一定的领域性的。

银狐、北极狐等也是以毛色模拟漫天雪地，以助逃避敌人和捕猎。

### 点击——环境污染导致北极熊雌雄同体

野生动植物研究人员已经发现新的证据，因全球变暖栖息地受到严重威胁的北极熊，现在又受到化学化合物的危害。这些化合物主要是欧洲用来降低沙发、衣服和地毯等家庭用品可燃性的有毒化学物质。来自加拿大、美国阿拉斯加、丹麦和挪威的一组科学家发出警告称，他们最近发现一种叫做多溴联苯醚（PBDEs）的阻燃剂开始出现在北极熊的脂肪组织中，尤其是生活在东格陵兰岛和挪威萨瓦尔伯特群岛的北极熊的脂肪中。

◆北极熊

关于这些化学物质会对北极熊产生什么样的影响，研究仍在进行中。但是在小白鼠身上进行的试验显示，这些有毒化学物质对动物的影响是巨大的，包括它你懂我的色彩斑斓吗——色彩交流

们的性别、甲状腺、运动技能和脑功能。

有证据显示，那些和多溴联苯醚相似的化合物导致了惊人比例的雌雄同体北极熊的出现。在萨瓦尔伯特群岛，大约每50只母熊中就有1只长着两种性器官，科学家们将此直接与污染联系到了一起。

"全球自然基金会"的领导人柯林·巴特菲尔德称："北极现在成了一个化学制品接收器。我们日常使用的居家产品中的化学物质正在污染北极的野生动植物。"这些污染物质主要来自美国和西欧等工业发达地区，水流和北行风将它们带到北极后，在北极寒冷的气候下积淀下来并进入食物链，而受害最大的则是北极熊。

禽言兽语真奇妙

# 变色的避役
## ——蜥蜴的诡计

动物的交流艺术

蜥蜴的变色能力很强，特别是避役类，以其善于变色获得"变色龙"的美名。我国的树蜥与龙蜥多数也有变色能力，其中变色树蜥在阳光照射的干燥地方通身颜色变浅而头颈部发红，当转入阴湿地方后，红色逐渐消失，通身颜色逐渐变暗。蜥蜴的变色是一种非随意的生理行为变化，它与光照的强弱、温度的改变、动物本身的兴奋程度以及个体的健康状况等有关。它们通常通过隐藏自身来捕获食物。

◆变色龙

## 变色龙的身体特征

变色龙是爬行动物，是非常奇特的动物，它有适于树栖生活的种种特征和行为。避役的体长约15～25厘米，身体侧扁，背部有脊椎，头上的枕部有钝三角形突起。四肢很长，指和趾合并分为相对的两组，前肢前三指形成内组，四、五指形成外组；后肢一、二趾形成内组，奇特三趾形成外组，这样的特征非常适于握住树枝。它的尾巴长，能缠卷树枝。它有很长很灵敏的舌，伸出来要超过它的体长，舌尖上有腺体，能分泌大量黏液粘住昆虫。它有一双十分奇特的眼睛，眼帘很厚，呈环形，两只眼球突

> 大多数蜥蜴是不会发声的，壁虎类是一个例外。

· 202 ·　　　　　　　　　"科学就在你身边"系列

你懂我的色彩斑斓吗——色彩交流

出，左右180度，上下左右转动自如，左右眼可以各自单独活动，不协调一致，这种现象在动物中是罕见的。双眼各自分工前后注视，既有利于捕食，又能及时发现身后的敌害。变色龙用长舌捕食是闪电式的，只需1/25秒便可以完成。它在树上一行一停的动作使天敌误以为是被风吹动的树叶。

## 变色龙皮肤的变化

变色龙的皮肤会随着背景、温度和心情的变化而改变：雄性变色龙会将暗黑的保护色变成明亮的颜色，以警告其他变色龙离开自己的领地；有些变色龙还会将平静时的绿色变成红色来威胁敌人，目的是为了保护自己，避免遭袭击，使自己生存下来。

变色龙的学名叫避役。俗称变色龙就是因为它善于随环境的变化，随时改变自己身体的颜色。

变色能躲避天敌，传情达意，类似人类语言。变色龙是一种"善变"的树栖爬行类动物，在自然界中它当之无愧是"伪装高手"，为了逃避天敌的侵犯和接近自己的猎物，这种爬行动物常会迅速改变身体颜色，然后一动不动地将自己融入周围的环境之中。

### 小知识

**变色龙为什么叫避役？**

变色龙学名叫避役，"役"在我国文字中的意思是"需要出力的事"，而避役的意思就是说，可以不出力就能吃到食物。

## 变色龙变色的真正意图

近日，《美国国家地理杂志》撰文指出，依据动物专家的最新发现，变色龙变换体色不仅仅是为了伪装，而另一个重要作用是能够实现变色龙

## 禽言兽语真奇妙

之间的信息传递，便于和同伴沟通，这相当于人类语言，表达出它们的意图。

拉克斯沃斯发现变色龙之间的信息传递和表达是通过变换体色来完成的，它们经常在捍卫自己领地和拒绝求偶者时，表现出不同的体色。他说："为了显示自己对领地的统治权，雄性变色龙对向侵犯领

◆蜥蜴

地的同类示威，体色也相应地呈现出明亮色；当遇到自己不中意的求偶者时，雌性变色龙会表示拒绝，随之体色会变得暗淡，且显现出闪动的红色斑点；此外，当变色龙意欲挑起争端、发动攻击时，体色会变得很暗。"

## 变色龙变色原理

变色龙变色取决于皮肤三层色素细胞。与其他爬行类动物不同的是，变色龙能够变换体色完全取决于皮肤表层内的色素细胞，在这些色素细胞中充满着不同颜色的色素。纽约康奈尔大学生物系的安德森对变色龙的"变色原

◆变色龙捕虫

理"进行了详细解释：变色龙皮肤有三层色素细胞，最深的一层是由载黑素细胞构成，其中细胞带有的黑色素可与上一层细胞相互交融；中间层是由鸟嘌呤细胞构成，它主要调控暗蓝色素；最外层细胞则主要是黄色素和红色素。安德森说："基于神经学调控机制，色素细胞在神经的刺激下会使色素在各层之间交融变换，实现变色龙身体颜色的多种变化。"

你懂我的色彩斑斓吗——色彩交流

### 知识拓展——蜥蜴尾的自截与再生

　　许多蜥蜴在遭遇敌害或受到严重干扰时，常常把尾巴断掉，断尾不停地跳动吸引敌害的注意，它自己却逃之夭夭。

　　这种现象叫做自截，可认为是一种逃避敌害的保护性适应。自截可在尾巴的任何部位发生。但断尾的地方并不是在两个尾椎骨之间的关节处，而发生于同一椎体中部的特殊软骨横隔处。这种特殊横隔构造在尾椎骨骨化过程中形成，因尾部肌肉强烈收缩而断开。软骨横隔的细胞终生保持胚胎组织的特性，可以不断分化。所以尾断开后又可从该处再生出新的尾巴。再生尾中没有分节的尾椎骨，而只是一根连续的骨棱，鳞片的排列及构造也与原尾巴不同。有时候，尾巴并未完全断掉，于是，软骨横隔自伤处不断分化再生，产生另一条甚至两条尾巴，形成分叉尾。我国壁虎科、蛇蜥科、蜥蜴科及石龙子科的蜥蜴，都有自截与再生能力。

动物的交流艺术

禽言兽语真奇妙

动物的交流艺术

# 美丽，也是武器
## ——鱼的保护色

大自然的景色绚丽多彩。赤、橙、黄、绿、青、蓝、紫，各种不同的颜色刺激着人们的视神经，使人们看到一个神奇迷人的彩色世界。五彩缤纷的颜色，不仅美化了环境，也为自然界动物激烈的生存竞争提供了用颜色保护自己的本领。鱼类同陆地上的动物一样，也会巧妙利用身上的色彩来保护自己。

◆金枪鱼

## 海水上层鱼儿的自我保护

海水上层的鱼，如鲱鱼、金枪鱼等，脊背大多是浓青色、青铜色或黑色，腹部和两侧大多是银灰色或白色。这些鱼的敌人是猛禽或凶猛的鱼类，从上向下看，鱼背的颜色同深色的海水相似；从下往上看，鱼肚色同淡蓝色的天空颜色类同。鱼身的这种颜色，可以躲避水面的人或鸟类的观察，又可以使自己不

◆丽鱼

·206·　　　　　　"科学就在你身边"系列

你懂我的色彩斑斓吗——色彩交流

易被水中的大鱼发现而受到侵袭。

### 鲱鱼的密集行动

鲱鱼头小，体呈流线形；色鲜艳，体侧银色闪光、背部深蓝金属色。鲱鱼的密集游动，是一个十分壮丽的场面。鲱鱼在集群洄游开始前的2～3天，有少数颜色鲜明的大型个体作先头部队开路，接踵而来的便是密集的鱼群出现在岸边。渔人根据岸边水的颜色、海水的动向和窜动的鱼群

◆鲱鱼

所溅起的特殊水花以及天空中大群海鸟的盘旋和鸣叫声，就能准确地判断出大鱼群来临。

密集的鲱鱼群，在海岸附近水深8米左右的地方游弋1～2天后，便进入海藻丛生的浅水处进行生殖。雌鱼产卵、雄鱼排精。鲱鱼的卵子是粘性卵，受精卵粘着在海藻上，新生命也就随之开始了。鲱鱼的产卵场所水深只有1米左右，由于鱼群过于密集，所以上层的鱼头部和脊背都会露出水面。雄鱼排出的大量精液，致使海水都因此而变成白色胶状的样子。

鲱鱼为什么要如此密集而行呢？这也是长期外界自然环境作用的结果。鲱鱼集群十分利于它们繁衍后代和有效地保护好仔鱼；集群又是一种集体行动，大家通力协作，便于觅食；另外，集群对于防御敌害也有着积极作用。因为鲱鱼密集成大群快速游动的线条和闪烁不定的形状，把敌害弄得眼花缭乱，很难把注意力集中在某一条鱼身上，即使敌害冲入鱼群把密集的队伍冲散，被吃掉的鱼也为数不多。所以集群行动在鲱鱼的生活中，有着极其重要的意义和作用。

### 金枪鱼的快速游泳

金枪鱼体呈纺锤形，具有鱼雷体形，其横断面略呈圆形。强劲的肌肉及新月形尾鳍，鳞已退化为小圆鳞，适于快速游泳，一般为每小时30～50千米，最高速可达每小时160千米，比陆地上跑得最快的动物还要快。金枪鱼若停止游泳就会窒息，原因是金枪鱼游泳时总是开着口，使水流经过

## 禽言兽语真奇妙

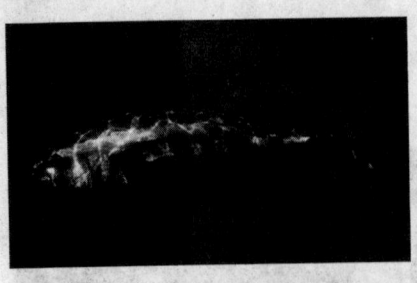

◆金枪鱼

鳃部而吸氧呼吸，所以在一生中它只能不停地持续高速游泳，即使在夜间也不休息，只是减缓了游速，降低了代谢。金枪鱼的旅行范围可以远达数千千米，能作跨洋环游，被称为"没有国界的鱼类"。根据科学家研究，金枪鱼是唯一能够长距离快速游泳的大型鱼类，实验显示，金枪鱼每天游程可以达到230千米。

## 海底鱼儿的自我保护

生活在海底的鱼儿，身上的颜色往往同海底的泥土、岩石和水草的颜色混成一片；各类不同的斑纹，加上暗色的背景，会使鱼的轮廓不清，天敌难以发现。如有一种叫佛利鲽的比目鱼常常单独栖息在海底的沙滩上，颜色是灰色中带有一些橄榄色，看上去很像褐色、黄色或黑色的大理石花纹，同周围的泥沙和石砾很相似，它不仅能躲过敌害，而且还能方便地捕到食物。

### 比目鱼的自我伪装

比目鱼又叫鲽鱼，栖息在浅海的沙质海底，捕食小鱼虾。由于它们的身体扁平，特别适于在海床上的底栖生活。比目鱼双眼同在身体朝上的一侧，这一侧的颜色与周围环境配合得很好；它们身体朝下的一侧为白色。比目鱼的身体表面有极细密的鳞片，它只有一条背鳍，从头部几乎延伸到尾鳍。它们主要生活在温带水域，是温带海域重要的经济鱼类。

### 丽鱼的美丽色彩

丽鱼因复杂的交配及生殖行为而著

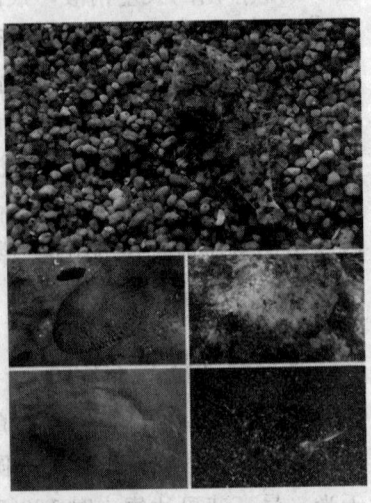

◆比目鱼

动物的交流艺术

### 你懂我的色彩斑斓吗——色彩交流

名。通常包括求偶、筑巢、维修和保卫巢以及保护幼仔。有些种类以口含卵孵化，卵不是置于巢内，而是含在亲鱼的口内直到孵化成小鱼。处于繁殖期的丽鱼，产卵量不大，但能用自己的大嘴容纳所有的受精卵。雌鱼将卵含在口内，水流游动，使卵既有一个安全的孵化场所，又能获得充

◆蓝丽鱼

足的氧气。在孵化期间，亲鱼为了防止把快要出世的孩子咽到肚里，连续十几天不吃不喝。随着胚胎的发育，母鱼的两颊被挤得极度膨胀，有的竟使头部变成了畸形也照样紧含不舍。

 **点击——繁殖期粗鲁的丽鱼**

丽鱼在繁殖时期，雄鱼和雌鱼以一起把卵和幼鱼照顾得非常妥善而闻名。丽鱼外形美丽，性情却极粗暴，常为争夺地盘而打斗得非常激烈。被称为杰克日布塞的种类更是粗暴，在产卵期常把别的鱼类杀死。体型微小的非洲丽鱼能够运用逻辑推理，通过观察其他同类公鱼之间的领地之争来决定自己应该向谁发起攻击并能够胜出，以提高自己在鱼群中的地位。

◆盘丽鱼

丽鱼大多生活在江河湖泊中。刚孵出的小鱼，仍以母鱼的口为休息场所，待稍大了以后才到母鱼口边活动，但遇到危险时，又会立即躲进母鱼的口腔内。在小鱼期间，它们也往往成群地围绕着母鱼嬉戏，寻食，而雄亲鱼则在四周巡游，时刻警惕着敌害的入侵。直到小鱼长大能独立生活，

禽言兽语真奇妙

父母才放心让它们自己去闯荡。

动物身上的色彩，在动物学中叫作保护色。保护色主要起隐蔽自身、躲避敌害和便于觅食的作用。

动物的交流艺术

*你懂我的色彩斑斓吗——色彩交流*

# 奇妙的外衣
## ——草原动物的才智

动物外表颜色与周围环境相类似，这种颜色叫保护色。很多动物有保护色，类似豹子、长颈鹿的花纹，雷鸟随不同的季节变化羽毛颜色等。自然界里有许多生物就是靠保护色避过敌人，在生存竞争当中保存自己的。草原动物在这方面独具才智。

◆猎豹

### 猎豹的自我乔装

猎豹的躯干长是1～1.5米、尾长0.6～0.8米、肩高0.7～0.9米、体重一般是50千克。雄猎豹的体型略微大于雌猎豹的。猎豹背部的颜色是淡黄色，腹部的颜色比较浅，通常是白色的。它全身都有黑色的斑点，从嘴角到眼角有一道黑色的条纹。猎豹的体色利于它们隐匿在草丛中伏击猎物。

猎豹是奔跑最快的哺乳动物，每小时可达115千米。如果人类的短跑世界冠军和猎豹进行百米比赛的话，猎豹可以让这个世界冠军先跑60米，最后到达终点的仍是猎豹，而不是这个短跑世界冠军。它以羚羊等中、小型动物为食。除以高速追击的方式进行捕食外，也采取伏击方法，隐匿在草丛或灌木丛中，待猎物接近时突然窜出猎取。

猎豹的生活比较有规律，通常是日出而作，日落而息。一般是早晨5点钟前后开始外出觅食，它行走的时候比较警觉，不时停下来东张西望，

## 禽言兽语真奇妙

看看有没有可以捕食的猎物，同时也防止其他的猛兽的偷袭。它一般是午间休息，午睡的时候，它每隔6分钟就要起来查看一下，看看周围有什么危险。一般来说，猎豹每一次只捕杀一个猎物，每一天行走大概5000米、最多走10多千米。虽然它善跑，但是它行走距离并不远。

**小知识**

猎豹的寿命有多长呢？

野外猎豹的寿命一般是6.9年。但是在人工圈养状态下，猎豹可能生存11.7年。

## 长颈鹿的保护色

生长在非洲矮灌木丛和疏林草原上的长颈鹿，它的花斑肤色，和周围的草叶巧妙相配，起到很好的保护作用。

长颈鹿通常生一对角，终生不会脱掉，皮肤上的花斑网纹则为一种天然的保护色。长颈鹿喜欢群居，一般10多头生活在一起，有时多到几十头一大群。长颈鹿是胆小善良的动物，每当遇到天敌时，立即逃跑。它能以每小时50千米的速度奔跑。当跑不掉时，它那铁锤似的巨蹄就是很有力的武器。

长颈鹿除了一对大眼睛是监视敌人天生的"瞭望哨"外，还会不停地转动耳朵寻找声源，直到断定平安无事，才继续吃食。长颈鹿喜欢采食大乔木上的树叶，还吃一些含水分的植物嫩叶。它的舌头伸长时可达50厘米以上，取食树叶极为灵巧方便。

◆胆小善良的长颈鹿

◆美丽的长颈鹿

你懂我的色彩斑斓吗——色彩交流

## 雷鸟的保护色

雷鸟由于长期在冰雪中生活,形成一系列适应冰冻环境的特性,例如腿上的毛被厚而长,一直覆盖到脚趾;脚趾周围有很多长毛,这样既保暖,又便于在积雪上行走而不至于下陷;鼻孔外披覆羽毛,可抵挡北极的风暴,也有利于向雪下啄取食物。雷鸟嘴粗壮而短,善挖食雪下根茎,几乎完全吃植物性食物。

> 长颈鹿是世界上现存最高的动物,站得高望得远,视力不凡,在动物界号称"千里眼"。

雷鸟四季换羽。雄鸟在婚后和冬季之前,夏羽和冬羽完全更换新羽,而春羽和秋羽只是局部替换;雌鸟每年3次换羽,婚前不换羽。雷鸟的冬羽与大地的银装一致,雌鸟、雄鸟均全身雪白。春天,雄鸟的头、颈和胸部也换成了有栗棕色横斑的春羽。雄鸟繁殖前还有换"婚羽"的习性,用华丽的羽饰来博得雌鸟的青睐。夏天,雷鸟羽毛又换成了黑褐色,具棕黄色斑纹。秋季植被枯黄时,羽毛换成黄栗色。

◆雷鸟

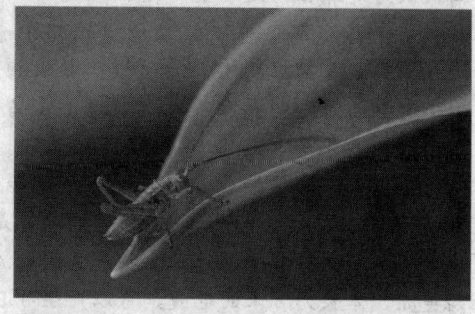

◆蝗虫

雷鸟在中国的繁殖期是每年4～5月,1雌配1雄,两性共同筑巢。巢置于地面草丛中或灌木下,为椭圆形小坑,内铺少量枯枝、草叶和残羽。每窝产卵8～12枚,淡黄色,满布褐色斑点。

动物的交流艺术

## 禽言兽语真奇妙

## 弱小动物的保护色

弱小动物身上都有一种天然保护色，是为了隐蔽自己的身体，免遭凶猛动物的伤害。在叶子上的螳螂，周身是翠绿色的；生活在泥土上或歇息在树枝上的螳螂，则是褐色的。生活在草丛中的蚱蜢，具有草绿色的外表，以躲避外敌的袭击。

 **点击——传说中的雷鸟**

雷鸟源于北美大陆，外形与鹜相似。读者看到"雷鸟"两字，就会很自然地联想它是一种具有呼唤雷电能力的巨鸟。这种联想十分正确。拍击的雷鸟翅膀能引起雷鸣。飞快眨动的眼睛能产生闪电。它同时还拥有降雨、引起火灾、刮热风的能力。在北美原住民印第安人的传说中，雷鸟被认为是鲸在特定环境下进化形成的巨鸟怪兽。因此雷鸟的体型大小与鲸相等，十分巨大。人们推测雷鸟与电鳗、电鳐相似，有自己的发电器官。也就是说，雷鸟体内存在着由肌肉进化形成的发电器官。生物体内肌肉的伸缩或者神经兴奋时都能

◆雷鸟

产生强大的电流。普通动物所产生的电流是不会对其他动物产生影响。但是那些体内存在发电器官的特殊的生物产生的电流则可以电击其他的生物致死。生活在南美洲、体长为2米的电鳗，可以产生650～850伏的电流，并可电击马匹致死。据此推测，雷鸟是一种能够呼唤雷电的怪兽也就没什么可奇怪了。

你懂我的色彩斑斓吗——色彩交流

# 动物有色盲吗
## ——动物眼中的世界本色

正常人的眼睛能感知这个世界的五彩缤纷，能识别红、橙、黄、绿、青、蓝、紫，加上它们之间的各种过渡色，总共能识别60多种颜色。那么，动物的感色能力又如何呢？科学家对此进行了研究。

◆小羊羔

### 哺乳动物眼中的色彩

研究证实，大多数哺乳动物是色盲。牛、羊、马、狗、猫等，几乎都不会分辨颜色，反映到它们眼睛里的色彩，只有黑、白、灰3种颜色，狗看景物就像看一张黑白照片。狗追捕猎物除了靠腿，主要靠嗅觉和听觉。

我们人类的"近亲"猿过着平淡无奇的灰色生活。田鼠、家鼠、黄鼠、花鼠、松鼠、草原犬等也不能分辨颜色。长颈鹿能分辨黄色、绿色和橘黄色。鹿对灰色的识别力最强。有趣的是，斑马虽然是色盲，它却能利用色彩来保护自己。斑马和其他动物混在一起吃草，黑白条纹可以引起注意，因此在出现危险时，只要领头斑马一

◆可爱的狗狗

## 禽言兽语真奇妙

动，所有斑马会迅速逃走。当斑马奔跑时，黑白两色条纹的晃动使得捕食动物难以快速测定距离，斑马便可安全逃脱。

## 鸟类眼中的色彩

鸟类则不然。除了某些过惯了夜生活的鸟类，如猫头鹰等，因为视网膜中没有锥状细胞，无法认色彩以外，许多飞禽都有色彩的感觉。乌鸦在高空飞行需要找到降落的地方，颜色会帮助它们判断距离和形状，它们就能够抓住在空中飞的虫子，在树枝上轻轻降落。鸟类的辨色能力也有利于它们寻找配偶。试想，雄鸟常用艳丽的羽毛吸引异性，如果它们感受不到颜色，那雄鸟还有什么魅力呢？

◆猫头鹰

## 鲈鱼眼中的色彩

多数水生动物都具有辨色能力。鲈鱼能感知颜色，生物学家用染成红色的幼虫喂它们，待其习惯后，改用红色羊毛喂它们，鲈鱼竟然照吃不误。

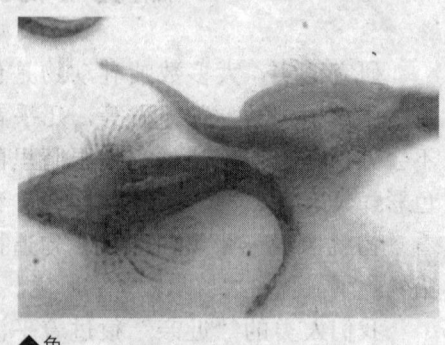

◆鱼

## 昆虫眼中的色彩

昆虫虽然属于低等动物，但是它们的辨色能力比哺乳动物高明。蜻蜓

你懂我的色彩斑斓吗——色彩交流

对色的视觉最佳，其次是蝴蝶和飞蛾。苍蝇和蚊子也能看见颜色。家蝇最讨厌蓝色，因而不愿接近蓝色的门窗、帐幔。蚊子能够辨认黄、蓝和黑色，并且偏爱黑色。勤劳的小蜜蜂生活在万紫千红的花丛中，却是红色盲，它只能分辨青、黄、蓝3种颜色。可是，蜜蜂能看见人所看不见的紫外线，

◆蜻蜓

并能把紫外线和各种深浅不同的白色和灰色准确地区别开来。

## 动物害怕的颜色

几乎所有动物都会怕以下几种颜色：

1. 红黑相间或者是斑块状分布。
2. 黄黑相间或者是斑块状分布。
3. 蓝黑相间或者是斑块状分布。

因为这些颜色在自然界中是标志剧毒的颜色，箭毒蛙、蝾螈、蟾蜍等在全身或腹部都会有这种明亮的颜色，这些颜色表示着"我有剧毒，识相的就别碰我"。大部分动物在看到这些颜色后就会知难而退，这应该才是动物们害怕的颜色。

> 箭毒蛙是全球最美丽的蛙，同时也是毒性最强的物种之一。

◆箭毒蛙

动物的交流艺术

"科学就在你身边"系列

# 禽言兽语真奇妙

## 点击——箭毒蛙的剧毒

人们作了一系列复杂的研究之后才知道，这种蛙毒物质能够破坏神经系统的正常活动，其主要作用形式是：阻碍动物体内的离子交换，使神经细胞膜成为神经脉冲的不良导体，这样神经中枢发出的指令，就不能正常到达组织器官，最终导致心脏停止跳动。不过，箭毒蛙的毒液只能通过人的血液起作用，如果不把手指划破，毒液至多只能引起手指皮疹，而不会致人死命。聪明的印第安人懂得这个道理，他们

◆箭毒蛙

在捕捉箭毒蛙时，总是用树叶把手包卷起来以避免中毒。

印第安人很早以前，就利用箭毒蛙的毒汁去涂抹它们的箭头和标枪。他们用锋利的针把蛙刺死，然后放在火上烘，当蛙被烘热时，毒汁就从腺体中渗析出来。这时他们就拿箭在蛙体上来回摩擦，毒箭就制成了。用一只箭毒蛙的毒汁，可以涂抹50支镖、箭，用这样的毒箭去射野兽，可以使猎物立即死亡。

哥伦布发现新大陆后，"文明人"闯入箭毒蛙的世界并将它们作为宠物带到城市里。悲惨的是箭毒蛙极其脆弱，对食物及生活环境的温度、湿度亦要求严格。因此，它们一旦被带出雨林，就意味着末日的来临。箭毒蛙越来越受到人类的威胁！

动物的交流艺术

# 我的味道，我做主

## ——气味交流

化学通信在低等动物中比较常见，尽管从原生动物到高等哺乳动物都会利用这种通信方式。通常这是由动物在体内产生一些化学物质，然后分泌到体外，我们将这些称为信息素或外激素。有的雌性天蛾散发的信息素能传到十几千米以外，这保证了它们能够得到及时的交配。

现在就让我们一起走入它们的世界吧！

我的味道，我做主——气味交流

# 神魂颠倒的香气
## ——香獐的求爱

动物通过释放和接收化学物质，达到彼此间的信息交流。这个过程叫"化学通信"。它几乎存在于整个生物界。香獐在化学通信方面可谓是高手。下面我们就来看看香獐的求爱表达。

◆化学通信高手——香獐

### 香獐的生活习性

香獐亦叫麝，栖居于山林。多在拂晓或黄昏后活动，生性怯懦，听觉、嗅觉均发达。白昼静卧灌丛下或僻静阴暗处。食量小，吃菊科、蔷薇科植物的嫩枝叶、地衣、苔藓等，特别喜食松树或杉树上的松萝。过着独居生活，颇警觉。行动敏捷，喜攀登悬崖，常居高以避敌害。喜跳跃，能平地跃起2米的高度。雄麝利用发达的尾腺将分泌物涂抹在树桩、岩石上标记领域。在领域内活动常循一定路线，卧居和便溺均有固定场所。栖息在某一领域的麝不肯轻易离开，即使被迫逃走，也往往重返故地。夏末上高山避暑，每年垂直性迁徙约两个月，然后重返旧巢。一般雌雄分居，过着独居生活，而雌兽常与幼麝在一起，以晨昏活动频繁，有相对固定的巡行、觅食路线，

> 我国麝类资源丰富，有林麝、马麝、原麝、黑麝和喜马拉雅麝5种。

动物的交流艺术

禽言兽语真奇妙

通常只在标定的范围内活动。

多栖息于针叶林、针阔叶湿交林、疏林灌丛地带的悬崖峭壁和岩石山地。很少见于平地的树林、平原、池沼或荒山秃岭。

## 香獐的爱情表达

麝为季节性发情的动物，发情交配期从10月份到翌年2月份。公麝发情期较长，从9月份开始直到翌年4月份，11～12月为发情旺期，属于短日照发情类型。

每到繁殖季节，雄麝就到雌麝常出没的地方，在树木或岩石上反复摩擦腹部的香囊，留下香气，而雌麝"闻"之生情，毫不迟疑地朝着香气的方向去"幽会"。按说，"幽会"应是在一对情人之间进行的。然而，麝却不是这样，它们是"群

◆听觉嗅觉发达的香獐

会"。雌麝、雄麝相会后，如果雌麝来得多，就会发生争抢"新郎"的场面。争抢的结果，获胜的当然就是身体强壮的雌麝。胜者自然会博得雄麝的欢心，于是结为夫妻；相反，若是只有一只雌麝就会招致多只雄麝抢夺"新娘"争斗，常常是相互啃咬，斗得头破血流，败者甚至为此丧生。

香獐这种争斗"择配"的方式在野生动物里并不罕见，看似残忍，但它选优汰劣，对野生动物种属繁衍是非常有益的，这也是自然选择的一种表现。

### 点击——现有香獐保护措施

香獐已列为国家Ⅱ级保护动物。在獐分布区内，已有江苏盐城自然保护区、麋鹿保护区，安徽皇甫山自然保护区，江西鄱阳湖自然保护区等。但包括保护区内也未受到真正的保护，因其繁殖力较高，只要环境不被破坏，当前并不存在绝灭的危险。如在舟山星罗棋布岛屿间和鄱阳湖草滩间有较充分的回旋余地，獐能在岛屿间作数千米的游泳，逃避猎民的追捕。

我的味道，我做主——气味交流

# 疯狂的气味
## ——雌蛾的魅惑

有些动物常常以特殊的气味来达到引诱异性、追踪目标、鉴别敌友、发出警报、标明地点、集合或分散群体等目的。这种气味虽然没有声响，可也算是一种语言。雌蛾产生的气味能引诱距离很远的雄蛾。

◆魅惑的飞蛾

## 飞蛾间的气味传情

在雌蛾体上分泌有一种特殊的化学物质，即性外激素。通过性外激素的扩散传布，把雄蛾从遥远的地方招引来，进行交尾。性外激素分泌的量虽然很少，但作用却很大。据说一只雌性舞毒蛾只要分泌0.1微克的性外激素，就可以把100万只雄蛾招引过来。雄蛾的嗅觉器官特别发达，它们的触角往往长成羽毛状或栉状，从而

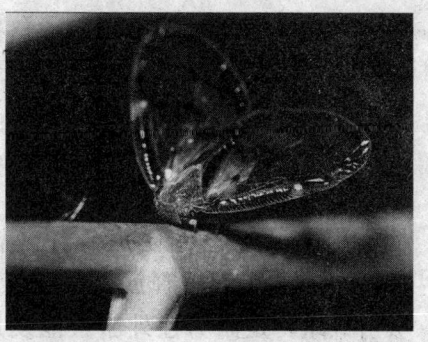

◆化学通信的飞蛾

对雌性蛾所释放的性外激素感觉十分灵敏，几乎可以感知只有几个分子的信息。有人用舞毒蛾做试验，当风速在每秒100厘米时，雄蛾对4.5千米以外的雌蛾性外激素仍有反应，但除去触角后就失去了这种反应。

动物的交流艺术

"科学就在你身边"系列

## 禽言兽语真奇妙

飞蛾这种以气味传情，寻找配偶的方式，在生物学中称为"化学通信"。

### 飞蛾为什么"扑火"

"残灯一盏野蛾飞"。在晴朗的夏夜，只要到路灯下，总能看到许多美丽的飞蛾，它们纷纷绕着灯儿不停地转啊转，身体撞在灯罩上，电线杆上，翅膀撞破了，也全然不顾。"飞蛾为什么总是绕着路灯打转呢？是它们爱慕光明吗？是路灯下有它们喜欢的食物吗？还是……"科学家经过长期观察和实验，终于揭开了"扑火"之谜。

◆奇异的飞蛾

蛾夜间飞行白天躲藏，当凌晨的阳光刚刚出现时，蛾向阳光飞去，以便能发现最佳藏匿地点，然后赶快藏起来。法布尔早在《昆虫记》中记载的一个现象同样令人困惑。如果把雌蛾和灯火放在同一个房间，大多数雄蛾仍然会被灯火吸引，无视雌蛾的存在。雄蛾的使命就是寻找雌蛾交配，为何灯火能够战胜性外激素的强烈诱惑，让雄蛾上演了一幕"生命诚可贵，爱情价更高。若为光明故，二者皆可抛"？有人猜测雌蛾释放的性外激素能吸引雄蛾，是因为性外激素能发射某种红外线，而灯火也能发射这种红外线，而且更加强烈，因此雄蛾把灯火当成了超级雌蛾。但是这种猜测并没有实验基础。飞蛾扑火这个自古以来就让人感到神奇的现象，在今天仍然是个未能完全破解的谜。不管你是嘲笑飞蛾自取灭亡的愚蠢，还是赞美飞

◆执着的飞蛾

动物的交流艺术

我的味道，我做主——气味交流

蛾追求光明的勇气，不过有一点是肯定的，飞蛾并非是在寻死，而是误把灯火当成了某种对它的生存或繁衍至关重要的东西，是我们人类的发明操纵了飞蛾早已进化而来的某种本能。

求生是写入基因的最深刻的本能。只有思想能够抗拒本能，所以只有人类能够自杀，其他动物自杀的传说，例如旅鼠奔赴"死亡之约"，也仅仅是传说。但是飞蛾扑火并非传说，而是每个人都见过的事实，如果这不是自取灭亡，又是什么呢？

**小知识**

**飞蛾主要吃什么？**

成虫取食花蜜，对植物的授粉有所助益。但吸果液蛾类的成虫能刺破果实；吸食果汁，导致落果，成为柑橘、桃、李、梨等果树的重要害虫。

**知识拓展——飞蛾扑火的本质**

飞蛾扑的其实是火光。灯光同样能吸引它们飞扑过来，除非是专门用来捕杀它们的诱蛾灯，否则灯光对它们来说一般并不致命。所以它们被光吸引不是为了寻死。蛾是夜行动物，选择在夜间出来活动，就是为了能在黑暗中躲避天敌，趋光等于暴露自己的行踪，似乎不应该是它们的习性。它们为何会有如此反常的举动。蛾的历史要比人类久远得多，它们的趋光性不会是因为人类的灯

◆飞蛾扑火

火而出现的。在人类诞生之前，夜晚最明亮的光源只有月亮，也许飞蛾的趋光性与月亮有关。最早这么想的是德国昆虫学家冯·布登布洛克，他在20世纪30年代提出假说称，蛾在夜间飞行时，很可能利用月亮作为导航工具。由于月亮距离地球非常遥远，在蛾飞行时，月亮和它的相对距离没有变化，在空中的位置看上去是不动的。因此蛾可以利用月亮进行定位，例如在飞行时让月亮始终位于右前

## 禽言兽语真奇妙

方45度的位置,就可以让自己的飞行轨迹保持一条直线。

对蛾来说,月亮就等于夜晚里最强的光。如果它们见到某盏灯比月亮还亮,就会把它当成月亮用来定位。但是灯与蛾离得很近,在蛾飞行时,它们之间的距离不断地发生变化。蛾试图让灯的方位保持不变(例如让灯始终位于右前方45度的位置),其结果就不再是沿直线飞行,而是一条围绕着灯的螺线,盘旋而来,逐渐接近光源,最后"砰"地撞上灯,或"哧"地被火烧着。

在昆虫中,飞蛾是蝴蝶的姊妹,都属于鳞翅目。

动物的交流艺术

# 生命之光
## ——光交流

太阳光照射大地，给地球上的生物带来了光明和温暖，这是一种"热光"。发光动物发出的光，是不发"热"的光，叫做"冷光"。

动物发光很常见，除了大家熟悉的萤火虫之外，还有珊瑚虫、虾、蛤、墨鱼等，甚至昆虫、蜈蚣、蜗牛和鸟类都能用各种形式放射出美丽的光来。

那么，动物发出的光是从哪里来的呢？动物发出的光有什么作用呢？希望大家能在下面的内容中找到答案。

生命之光——光交流

# 打着灯笼找对象
## ——萤火虫的求偶方式

随着阳光从夏日的天空中消退，一大群雄性萤火虫便从白天的蛰伏状态苏醒过来，一个挨着一个地爬上草叶。等到夜色完全降临时，它们便像一架架微型直升飞机腾空而起，遁入茫茫夜空。这些飞行者去干什么呢？不是去进行军事征服，它们的目的其实很简单——传宗接代。萤火虫的成

◆夜间飞行者——萤火虫

年期非常短暂，必须抓紧时间，利用每一个夜晚去寻找自己的"意中人"。它们用闪光信号将自己的寻偶意图广而告之，然后通过雌性萤火虫发回的应答信号寻找配偶。

## 发光的苍蝇

萤火虫的英文意思是"发光的苍蝇"，但实际上它们是甲虫，属于萤科，与苍蝇没有任何关系。迄今为止，昆虫学家正式记录在案的萤火虫大约有2000种。萤科昆虫中还有一些不发光的种类，它们主要通过信息素寻找配偶。此外，也有一些虽然发光但并不是闪烁的种类。在北美地区，发光萤火虫主要有三个属：红萤属、扁萤属和窗萤属。从外表看，萤火虫与其他甲虫一样，生有翅鞘。前翅非常坚硬，在后翅上面形成一个保护壳。后翅像扇面，平时折叠在前翅下，只在飞行时才伸展开。北美萤火虫

> 萤火虫夜间活动，卵、幼虫和蛹也往往能发光。

禽言兽语真奇妙

的三个属的成虫长得非常相似，都有带黄边的黑翅和类似防护罩的头罩，头罩上面有红斑纹。昆虫学家根据它们在颜色、雄性生殖器形状和发光模式等形态学上的细微差异对它们进行区别。

## 萤火虫的发光密码

那么，萤火虫又怎么知道别的萤火虫是不是自己的同类呢？它们根据对方的发光模式来确定其身份。以红萤属为例，雄虫飞行时靠近地面，每6秒钟发一次光，发光时间持续约半秒钟，发光时以"J"字形向上飞行。地面上的雌虫看到了雄虫的求偶舞蹈，如果中意，就会在两秒钟后发出持续时间约半秒钟的闪光作为回应。不同种类的萤火虫的发光模式不同，有的每2～3秒钟发出持续时间长达2～3秒钟的光，有的每3～4秒钟快速闪光3次，有的则类似于莫尔斯电码中的"点一画"结构，先快速闪光1次，然后是1次持续时间较长的闪光。

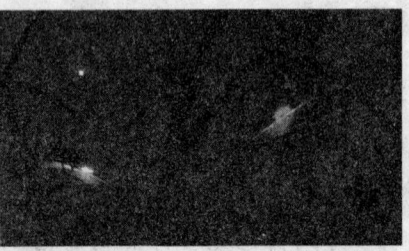

◆寻找"意中人"

◆"发光的苍蝇"

如果读懂了萤火虫的发光密码，你就可以用笔形手电筒模拟某种雄虫发光，或许你还能将那个种类的雌虫吸引来和你"对话"。

## 萤火虫的生育竞赛

萤火虫的成虫仅仅进食一些露水或花粉等。

萤火虫的成虫期只占其生命周期的很小一部分，比如北美萤火虫的成虫期大多只有数周。因此，一到成年，萤火虫就会不失时机地展开生育竞赛。当雌虫将卵产在潮湿土

## 生命之光——光交流

壤或苔藓里时，新生命的生命周期便宣告开始了。大约两周后，卵开始孵化，幼虫瞬间便破壳而出。萤火虫幼虫生活在地下或杂草中，以蚯蚓、蜗牛、蛞蝓和软体昆虫幼虫为食。萤火虫幼虫有一种特殊的进食本领：咬住蜗牛，用上腭向蜗牛体内注射一种类似麻醉剂的液体，这种液体能使蜗牛瘫痪，并让其肉变得软烂，然后它再钻进去吞食。

在美国北部地区，萤火虫的幼虫期为1~3年，而在南部地区，幼虫孵化后

◆节食的萤火虫

只需数月便进入成年期。幼虫在拱形的地下巢室里化蛹，数周后便成形。化蛹季节大多在晚春时节。

一旦进入成年期，萤火虫的生育竞赛便开始了。大部分红萤属萤火虫在进入成年期后便不再进食，而将整个成年期都投入到生育竞赛中去。随着黄昏来临，雄虫腾空而起，在离草1~2米的空中缓缓飞行，并通过有规律的闪光来宣布自己的求偶之意。雌虫大多不会飞行，只在低矮的草叶上用闪光回应雄虫。看到雌虫的回应信号后，雄虫立刻从空中降落到草叶上，一边继续发信号，一边寻找"意中人"。它们之间的"对话"往往要持续一个小时以上。这种"对话"对其他雄虫来说犹如磁铁，它们纷至沓来，以至每次求偶飞行结束后，都可以发现有许多雄虫在草叶上爬上爬下地寻找雌虫。